KB172496

게임 현질하는 아이
삼성 주식 사는 아이

게임 현질하는 아이

초등생활 디자이너 김선 지음

삼성주식 사는 아이

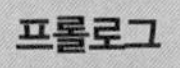

우리 아이 부자 만들기 프로젝트를 시작하며

초등학교 교사로서 저는 학교현장에서 학기별 1회씩 학부모 상담을 진행합니다. 그동안 이런 정기 상담을 포함한 1,000여 건이 넘는 상담을 통해 500여 명의 학부모를 만났습니다. 얼마나 다양한 질문을 받아 왔을지 독자분도 쉽게 짐작하리라 생각합니다.

질문 대부분은 역시 아이들의 친구 관계와 학업에 대한 것이고, 간혹 아이의 사생활에 대해 조심스러운 질문을 받기도 합니다. 의아한 점은, 아무도 제게 아이의 '돈'에 관해서는 묻지 않는다는 것이었어요. 예를 들면, "선생님은 아이에게 용돈을 얼마큼 주시나요?"라는 질문은 듣기 힘들었습니다.

맞습니다. 많이 변했다고는 하지만, 사회 분위기상 아직 많은 사람이 돈 이야기를 꺼내기를 주저합니다. 그런 점에 비추어 보면, 아이 담임선생님에게 돈 이야기를 묻는 것을 민망하게 여기는 점도 이해할 만합니다.

그럼에도 제가 글을 쓰고 있는 현재, 돈을 주제로 다룬 도서 상당수가 베스트셀러에 올라 있습니다. 《돈의 속성》, 《존리의 부자되기 습관》이 특히 눈에 띄네요. 이러한 예를 살펴보아도 우리가 무의식적으로 얼마나 부를 열망하는지, 한편으로 얼마나 돈 문제를 걱정하고 있는지를 알아챌 수 있습니다.

2020년부터 우리는 '코로나19'라는 전대미문의 바이러스 사태를 경험하며 예상치 못한 위기를 겪고 있습니다. 특히 자녀를 둔 가정에서는 많은 고민거리가 생겨났습니다. 아이가 학교에 가지 못하고 집에 머무는 시간이 많아지면서, 생활비가 눈에 띄게 늘어난 것이죠. 주변 사람들의 이야기를 들어 보면, 특히 식비와 간식비가 두세 배로 늘었다고 합니다.

한편, 아이의 학업도 고민거리입니다. 학교에서 선생님과 마주하는 시간이 확연히 줄어든 탓에, 몇몇 학부모는 '재 저러다 제대로 학교에 가면 혼자 뒤처지는 거 아닌가?'라고 속앓이를 합니다. 학습지라도 하나 더 해야 할 것 같고, 방역이 철저한 학원을 찾아서 보내야 할 것 같고…. 가뜩이나 아이 챙기는 것도 전보다 힘들어졌는데, 주식과 부동산으로 돈깨나 벌었다는 건넛집 이야기에 마음이 물에 젖은 솜처럼 무거워집니다.

뉴스에선 연신 서울 부동산 가격 평균이 몇억 원이고 주식은 몇 배가 올랐다며 떠들어댑니다. 상대적 박탈감에 '부동산'이란 단어만 봐도 가슴이 벌렁거려요. 그래도 아이에겐 "너는 아무 걱정하지 말고 공부만 열심히 하면 돼"라고 말합니다. 무겁고 두려운 마음을 숨긴 채로 말이죠.

이쯤에서 우리 솔직해져 볼까요.

공부만 열심히 했던 여러분. 지금, 돈 문제 없이 잘 살고 있나요?

교육현장에 오래도록 몸담으면서 제가 절실히 깨달은 점은 금융 관련 지식과 정보의 차이가 아이들의 미래에 엄청난 격차를 만들 수 있다는 것입니다. 바로, 빈부 격차를요. 그게 얼마나 속상한지 모릅니다. 같은 날 어떤 아이는 "선생님, 저 세뱃돈으로 받은 5만 원으로 게임 현질했어요"라고 하는데, 다른 아이는 "저 세뱃돈으로 산 주식으로 엄마랑 삼성 주주총회 다녀왔어요"라고 해요. 지금 이 5만 원의 차이가, 어른이 되어 5천만 원 이상의 차이만큼 벌어질 수도 있지 않을까요? 이것이 제가 되도록 빨리 아이들에게 경제교육을 해야겠다고 다짐한 이유입니다.

어차피 크면 저절로 알게 될 거, 학교에서까지 그래야 하냐고요.

글쎄요. 우리가 돈에 관한 이야기를 감추는 동안 아이들은 돈에 대해 심하게 왜곡된 환상을 키우고 있습니다. 지금 우리 아이들은 여느 유명 유튜버가 수백억을 벌었고, 어느 못된 어른이 불법 동영상으로 수십억을 벌었다는 이야기를 너무나 쉽게 접합니다. 그러니 얼마 전 세뱃돈으로 받은 만 원이 우습게 느껴질 수밖에요.

실례로 학교 폭력 업무를 담당할 적에 다른 아이들보다 넉넉히 받은 용돈을 잘못 사용하면서 벌어진 안타까운 사건을 여러 번 접하기도 했습니다. 이 문제로 학교폭력예방지도사 자격증도 따 보았지만, 결국 중요한 것은 본질, 즉 '아이의 경제교육'이라는 생각이 들더군요. 우리가 아이들에게 제대로 된 '돈 교육'을 하지 않는다는 것. 이것은 그동안 감추기만 했던 성교육만큼 큰 문제를 일으킬 수 있습니다.

"문맹은 생활을 불편하게 하지만 금융문맹은 생존을 불가능하게 한다"라는 전 미국 연방준비제도이사회 의장 앨런 그리스펀Alan Greenspan의 말처럼, 이제 우리 아이들에게는 금융교육과 경제교육이 필수적입니다. 핀테크FinTech(금융Finance과 기술Technology의 합성어)가 강조되는 요즘, 저는 이 책을 통해 핀에듀FinEdu(금융Finance과 교육Education의 합성어)의 중요성을 말하고자 합니다.

부모는 아이 용돈뿐 아니라, 집 안 생활비에 대해서도 아이들과 이야기를 나눌 수 있어야 합니다. 특히 교육과 관련한 부분이라면 말이죠. 아이들도 자신의 사교육비 총액을 알고 부모와 대화하여 대안을 모색해 봐야 합니다. 자녀에게 자신이 다니는 학원비와 문제집 구입비, 간식비와 외식비가 얼마나 드는지를 알려주고, 이를 줄일 방법을 찾도록 유도하는 것이지요.

저는 사교육에 반대하지 않습니다. 그 대신 조금 더 효율적으로 사용되기를 바랄 뿐이에요. 유명한 학원을 찾아다니는 대신 유명한 온라인 강의를 듣고, 그 학원비를 아껴서 해당 강의를 올리는 교육사업 회사의 주식 한 주라도 갖는 것. 충분히 할 수 있지 않을까요?

과거의 저는 공부만 잘하면 좋은 대학에 가고 좋은 직장을 얻고 편안하게 살 수 있을 줄로 알았습니다. 제자리에서 열심히 사는 것을 유일한 방법으로 여겼는데, 실제로는 그게 아니었어요. 저는 사는 데 필요한 금융교육을 받지 못했습니다. 로버트 기요사키Robert T. Kiyosaki 작가의 《부자 아빠 가난한 아빠》에서처럼 금융교육을 하지 않는 학교와 교육과정 속에 자랐으니까요.[1] 그런 저 역시도 교사가 된 이후 돈에 대해 가르치고 있지 않았습니다.

이러면 안 되겠다 싶어서 닥치는 대로 경제공부를 하기 시작했습니다. 시중에서 구할 수 있는 경제교육에 관한 책은 물론, 절약법, 재테크, 주식, 부동산 관련 도서까지 모조리 찾아 읽었습니다. 저축과 절약부터 주식과 부동산까지 주제에 따라 여러 카페에 가입해서 웬만한 카페글을 대부분 탐독했어요. 그동안 얼마나 모르고 살아왔는지를 뼈저리게 느끼며 유일하게 잘하는 일을 시작했습니다. 공부, 돈 공부를요.

2015년부터 시작한 돈 공부 덕분에 저는 지금 적게나마 풍요와 여유를 느끼고 있습니다. 부모님 병원비도, 조카에게 주는 용돈도, 아이와 함께하는 여행도 이제 할 수 있는 여유를 얻었습니다. 월급이 들어오면 계획대로 돈을 나누고, 지출할 돈은 절대 기한을 어기지 않습니다. 카드값뿐만 아니라 모임회비, 아이들 학원비도 늦지 않아요. 스스로 신용을 높이고 있는 것이지요. 제 월급 이상을 이자로 내야 했던 과거의 제가 상상할 수조차 없었던 삶입니다.

아무 걱정 없는 것만 같은 초등학교 교사가 왜 자꾸 돈을 강조했는지에 대해 조금이라도 눈치챘다면, 이제부터 제 이야기를 읽어 주시길 바랍니다. 이 책에서 저는 한 명의 교사가 아닌, 한 명의 조언자로서 애벌레 탈을 벗은 나비가 천천히 날갯짓을 준비하듯 기초부터 차근차근 경제교육에 관한 이야기를 전하고자 합니다. 모든 아이가 훗날 경제적 자유를 얻고 훨훨 날아가기를 바라는 마음에서요.

이쯤에서 다시 묻겠습니다.

아직도 아이에게 돈 이야기를 꺼내는 것이 두렵고 망설여지나요?

차례

Chapter 2

기본 용돈으로 시작하는 우리 아이 경제교육

Chapter 3

발전 용돈 저축과 관리를 통한 금융 경험 쌓기

Chapter 4

응용 우리 가족 경제 규모 이해하기

Chapter 5

심화 기부 활동을 통한 자연스러운 경제교육

Chapter 6

Chapter

1

입문

우리 아이 경제교육을 위한 부모의 마음가짐

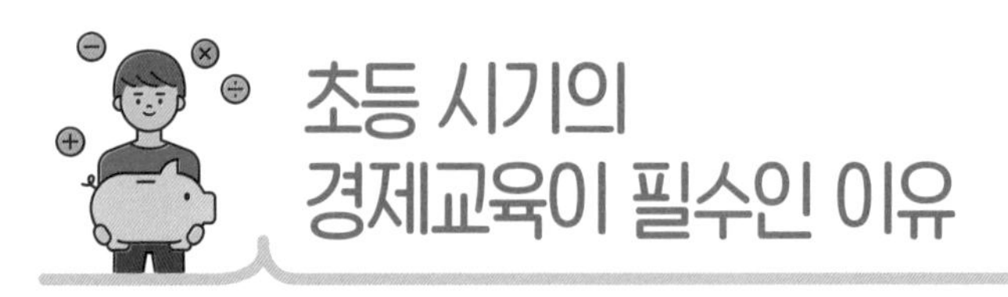

초등 시기의 경제교육이 필수인 이유

예전에는 취업 이후 자리를 잡아가는 30대의 경제교육을 강조했습니다. 그런데 어느 순간 20대로 내려오더니, 이제는 10대부터 경제교육을 해야 한다고 해요. 그러나 프롤로그에서 이야기했듯, 아무리 경제교육이 중요하다 한들 어린아이에게 돈에 대해 이야기하는 것을 꺼리는 사람들이 많습니다.

하지만 알고 있나요? 어른들끼리 모이기만 하면 집값 이야기를 하고 있는데 아이들이 안 들을 수가 있을지 말입니다. 어느 동네에 분양한 아파트 프리미엄이 억대라더라, 어디는 이번에 10억이 넘었다더라, 누구는 어느 회사에 투자해서 외제차를 뽑았다더라 등등… 온통 돈 이야기입니다. "내가 작년에만 알았어도 몇천 벌었을 텐데, 아니 몇천이 뭐야 몇억이지"라며 아쉬움 짙은 말을 뱉지요.

그런데 아이가 궁금해하면 “애들은 몰라도 돼, 공부만 열심히 해라”라거나, “어린 것이 뭔 돈을 밝히니?”라고 무안을 줍니다. 그런데 왜 아이가 알면 안 되는 건가요? 어른이 된 우리는 ‘좀 더 빨리 알았더라면’ 하고 후회하면서 왜 아이에게는 빨리 알면 안 된다고 할까요. 아이들은 돈을 몰라야 바르게 큰다는 말은 위선입니다. 차라리 조금이라도 빨리 제대로 된 경제교육을 하는 것이 나와 아이 모두가 부자가 되는 지름길입니다.

아이의 경제교육에 관해 이야기하기에 앞서 짚고 넘어가야 할 점이 있습니다. 초등학교는 기초·기본교육을 받는 시기입니다. 국어, 수학, 사회, 과학, 음악, 미술, 체육, 도덕, 실과 마지막으로 영어까지, 나라에서 정한 학년군별 필수 성취기준을 이수해야 하는 시기입니다. 그중 영어는 어떤가 한번 살펴볼게요. 영어는 안타깝게도 사교육에 의한 편차가 큰 과목입니다. 나라에서 정한 영어 성취기준이 아이들의 실제 영어 실력에 비해 턱없이 낮다 보니 아이들은 더더욱 사교육에 의존합니다. 게다가 초등 1~2학년 시기에는 영어가 정식 교과목이 아니라서 상당수의 아이가 영어학원에서 교육을 받아요.

경제교육은 영어교육보다 심각합니다. 우리나라 초등학교 교육과정에서 돈 자체를 다루는 부분은 5학년 실과 과목 중 ‘용돈 기입장 작성 방법’ 두 페이지가 전부입니다. 예전에 어른들이 아이들에게 많지 않은 용돈을 쥐여 주며 이를 통해 자연스럽게 용돈을 어떻게 관리하는지 알려 주었다면, 이제는 이러한 경제교육을 받을 기회조차 주어지지 않고 있습니다. 환경이 그렇거든요. 예전처럼 등굣길에 50원 주고 산 도화지가 구겨지면 돈을 날린다는 것을, 지폐를 주머니 깊숙이에 넣지 않으면 잃어버릴 수 있다는 것을, 하굣길에 군것질하느라 용돈을 다 써 버리면 정작 필요할 때 아무것도 사지 못한다는 것을, 용돈 관리를 제대로 못하면 어른들께 꾸지람을 듣는다는 것을 우리 아이들은 배우질 못합니다.

이처럼 요즘 아이들은 용돈을 아껴 써야 할 이유를 배운 적이 없습니다. 학교에서는 도화지를 비롯한 대부분의 학습 준비물을 나누어 주고, 아이가 직접 사 와야 하는 수업 준비물은 없습니다. 집에서는 어떤가요. 어른들이 간식부터 장난감까지 모두 제공합니다. 아이가 푼돈을 모으고 모아서 기다릴 필요가 없습니다. 부모가 사 주거나 이모 플렉스, 할아버지·할머니 찬스가 있으니까요. 즉, 학교와 집에서 웬만한 걸 공짜로 주다 보니 아이들이 돈을 모을 필요가 없습니다.

이러다 보니 학교 앞에서 나누어 주는 수많은 학용품은 받자마자 버려집니다. 교실에서 물건을 잃어버리면 찾지를 않아요. 아쉬울 게 없으니까요. 아이들이 하교하고 난 다음 교실을 청소하다 보면 새 연필과 지우개, 자 등이 바닥에 굴러다닙니다. 분실물 수거함을 만들면 끝내 찾아가지 않는 학용품들만 수북이 쌓일 뿐이에요. 풍요로운 세상, 결핍을 느끼지 못하는 아이들. 더 이상 절약과 저축만을 가르쳐서는 아이들에게 와닿지 못합니다.

절약과 저축을 강조하는 용돈 기입장 교육으로는 이젠 부족합니다. 금융문맹이 되지 않도록 다양한 금융지식과 금융태도를 가르쳐야 해요. 이 교육의 시작은 바른 태도를 함양하는 초등학교 시기가 가장 적합합니다. 이 시기는 자아개념과 자존감, 사회관계를 형성하는 아동기입니다. 발달이론가인 에릭 에릭슨Erik Erikson에 의하면, 아동 발달 단계에서 아동기는 학령기(만 6세~만 11세)에 해당하는데요. 이 시기에 아동은 학교라는 사회생활을 시작하며, '성취'를 배웁니다.

아이들은 성취를 얻기 위해 노력하고 그에 대한 평가를 받으면서 근면성을 학습하게 되지요. 청소년기에는 자아 정체성 확립과 혼란이 공존하는 시기이기 때문에 경제관념 역시 자칫하면 혼란에 빠지기 쉽습니다. 따라서 돈에 대한 바른 개념을 세우고 근면한 금융태도

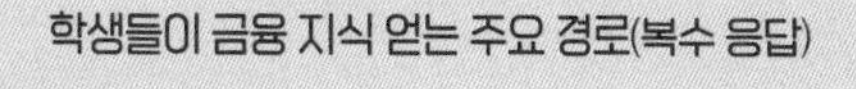

학생들이 금융 지식 얻는 주요 경로(복수 응답)

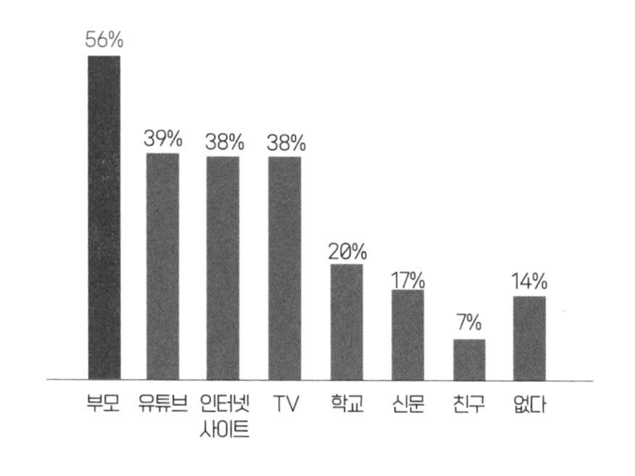

출처: "중고생 65% "예 · 적금 차이 몰라요"", 《조선일보》, 2021. 3. 22.

를 익히려면 반드시 초등 시기에 경제교육이 필요합니다.

다행인 것은 어렸을 때부터 자녀에게 경제교육을 해 주려는 학부모가 늘어나고 있다는 점입니다. 이러한 부모들의 수요에 발맞춰 경제교육도 다양해지고 있습니다. 예전에는 청소년금융교육협의회 또는 금융기관에서 진행하는 어린이 맞춤 세뱃돈 교육 등이 전부였다면, 이제는 좀 더 전문적이고 체계적인 경제교육 프로그램을 쉽게 찾을 수 있습니다. 어린이를 대상으로 한 주식 강의나 온라인 경제 클래스 등이 대표적인 사례입니다. 문제는 외국과 달리 경제·금융 교육이 정규 교과목이 아닌 만큼, 학부모가 얼마큼의 정보를 얻느냐에 따라 아이의 경제교육 수준이 달라진다는 점입니다.[1] 이에 따라 경제

학교 금융교육 실태 조사

학생

은행에서 금융 상품 가입시 원금 보장된다	68%
정기 예금과 적금의 차이를 안다	35%
금융 교육 받아봤다	20%
금융 교육이 향후 도움 될 것	97%

출처: "중고생 65% "예·적금 차이 몰라요"", 《조선일보》, 2021. 3. 22.

교육에 관한 지식이 부족한 가정일수록 자녀의 경제교육 수준이 또래보다 떨어지는, 안타까운 일들이 일어나고 있습니다.

2021년 2월 조선일보가 한국금융교육학회와 한국교원단체총연합회를 통해 중고생과 중·고교 교사를 대상으로 한 설문 조사에 따르면, '학교에서 금융교육을 받아봤다'라고 응답한 학생은 10명 중 2명에 불과합니다.[2] 대부분 학교(20%)보다는 주로 부모님(56%)과 유튜브(39%)를 통해 금융지식을 얻고 있다고 하니 부모의 경제교육에 관한 인식이 얼마나 중요한지 알 수 있습니다.

그런데 현실은 어떨까요? 2020년 이스트스프링자산운용코리아

아시아 9개국 자녀 경제교육 자신감 지수

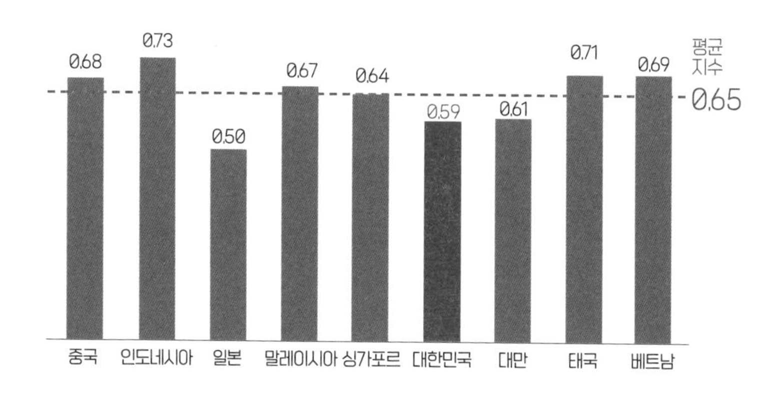

출처: '한국 부모들의 자녀 경제교육 방법에 대한 인사이트', 《이스트스프링스 자산운용》, 2020.

가 발간한 '한국 부모들의 자녀 경제교육 방법에 대한 인사이트'에 따르면, 한국 부모의 '자녀 경제교육 자신감 지수'는 0.59로 아시아 9개국 중에 최하위권을 기록했습니다.[3] 이 조사에 따르면, 부모의 94%가 자녀에게 경제교육이 중요하다고 응답했습니다. 그러나 자신감 지수는 그와 반대의 결과를 보여 준다는 점에서 부모가 금융지식에 관한 확신이 부족하다는 점을 알 수 있습니다. 문제는 이렇듯 부모가 경제교육에 확신을 갖지 못할수록 아이들이 전문적인 경제교육을 받을 기회가 사라진다는 것입니다.

앞서 조선일보에서 실시한 설문 조사에 따르면, 응답 학생의 94%가 '금융교육이 필요하다'고 답했습니다. '금융교육이 향후 금융 생활에 도움이 될 것이다'라는 항목에도 97%에 이르는 학생이 그렇다고 대답한 만큼, 아이들이 얼마나 금융교육을 원하는지 쉽게 짐작할 수 있습니다.

학부모도 학생도 중요하다고 여기는 경제교육, 초등 시기에 빠르게 접할수록 아이의 경제생활은 매우 달라질 것입니다.

돈이 가져다줄 수 있는 가장 커다란 보상

자신이 원하는 일을 원하는 시간에 하며, 원하는 장소에서 원하는 사람과 원하는 만큼 일하는 삶. 이런 삶을 살면서 행복하지 않은 사람이 있을까요?

코로나19 사태로 인해 우리의 삶과 직업에는 수많은 변화가 생겼습니다. 그 혼돈 속에서도 자신이 원하는 일을 원하는 시간과 원하는 장소에서 하는 사람들이 있어요. 이미 의식주의 기반을 다져 놓고 제 일을 해내는 사람들은 그 어떤 상황에서도 흔들리지 않을 겁니다. 이들은 돈 때문에 하기 싫은 일을 하지 않아도 되고, 출근길의 복잡함과 퇴근길의 피로함을 겪지 않아도 됩니다. 만일 일터에서 자신의 책상을 들어내는 치욕스러운 일을 겪는다면, 그들은 자존심을 크게 상하면서까지 굳이 출근하려 들지 않을 겁니다. 웬만한 비상사태에도 충분히 버틸 만한 힘과 여유가 있으니까요.

하지만 대부분의 사람은 당장 아이를 어딘가에 맡기는 일조차 쩔쩔매면서 일터에 나갑니다. 그마저도 코로나19로 인해 갑작스레 일을 그만두는 경우가 적지 않습니다. 이러한 사람들은 실직수당이나 각종 지원금을 받기 위해 시간을 쏟아야 합니다. 한편, 재취업을 위해 기술훈련을 받는 경우도 있습니다.

선생님은 평생 직업이니 그런 걱정 없어서 좋겠다고 누군가는 말할 수도 있겠지만, 저도 꽃이 피고 지는 걸 보고 싶어요. 제 아이의 입학식과 졸업식에 가 보고 싶고, 공개 수업도 가고 싶습니다. 경제적 여유가 있는 친구들처럼 오전엔 개인 PT도 받고 싶고, 동네 또래들과 브런치도 하고 싶습니다. 여름방학, 겨울방학처럼 어딜 가나 사람 많고 비싼 성수기를 피해서 아이들과 현장체험학습도 가 보고 싶어요. 물론 작금의 상황에서 이조차도 배부른 소리로 들릴 수 있다는 걸 알고 있습니다. 하지만 인간인지라 비교하자면 끝도 없어요.

저는 돈이 주는 힘 중에서 '시간적 자유'가 가장 탐납니다. 시간적 자유를 통해 내가 하고 싶은 것에 시간을 더 쏟을 수 있으니까요. 이를테면 직장인이 매일 출퇴근에 쏟는 시간을 아이들을 위한 아침과 저녁 시간으로 바꿀 수 있습니다. 운동 시간으로 보낼 수도 있지요. 5시경 퇴근하는 저는 집에 도착하면 6시가 넘습니다. 여느 워킹맘들처럼 정신없이 아이들을 먹이고 씻기고 재워야 비로소 하루가 끝납니다. 돈을 벌어야 하니까 이 정도는 감수해요.

그런데 만약 제 직장이 서울 도심에 있어서 왕복 서너 시간을 길바닥에서 보내야 하는 상황이라면 돈이 주는 보상, 즉 시간적 자유에 대한 열망이 훨씬 강해질 것 같습니다. 비록 원하던 직장이고 보람 있는 일이라 해도요. 원하는 곳, 원하는 시간, 원하는 사람, 원하는 만큼 일할 수 있다면 제 가능성은 무한대가 될 것 같거든요.

자녀에게 공부 잘해서 좋은 직장 다니라고 말하는 것은, 달리 말하면 아이에게 좋은 물건을 소유하며 느끼는 짧은 만족감을 얻는 데서 그치라는 말과 같습니다. 아이가 원하는 때에 은퇴할 수 있을까요? 그때까지 얼마나 참고 견뎌야 하는 걸까요. 우리는 아이들에게 좋은 직장을 선택하라고 하지 말고, 너의 가능성을 무한히 펼치고 경제적 자유와 시간적 자유를 얻기 위해 노력하라고 가르쳐야 합니다. 시간을 통제하는 힘은 돈에서 나오기 때문입니다.

금융문맹으로 자란 아이가 마주할 현실

한국은행과 금융감독원이 매년 실시하는 전국민 금융이해력 조사가 있습니다.[4] 이에 따르면 2020년 조사 결과 우리나라 성인의 금융이해력 점수는 66.8점으로 2018년 62.2점에서 증가했지만, 청년층(18~29세)의 금융이해력 점수는 평균보다 낮은 수준입니다.

금융이해력Financial Literacy이란 금융지식을 바탕으로 합리적인 금융 의사결정을 할 수 있는 능력을 말합니다. 금융지식, 금융행위, 금융태도로 나누어지는데 우리나라의 경우는 금융행위(65.5점)와 금융태도(60.1점) 점수가 금융지식(73.2점) 점수보다 특히 낮습니다. 그중에서도 청년층과 노년층, 사회 빈곤층의 금융이해력 점수가 더 낮습니다. 부익부 빈익빈의 원인을 짐작할 만한 부분입니다.

프롤로그에서 언급했듯, 금융문맹은 생존을 불가능하게 만든다는 앨런 그리스펀의 말이 이제 더 이상 낯설지 않습니다. 우리 조부모 세대에서는 문맹이 가장 두려운 일이었습니다. 배우지 못했다는 이유로 제대로 된 대우를 받지 못하고 살아오면서 조상들의 평생 한은 '배우지 못한 것'이었습니다. 그런데 그보다 더 무섭다는 금융문맹은 어떤가요? 왠지 남의 일 같지 않나요? 막연하게만 여겨진다면 혹시 '가난은 대물림된다'라는 말은 와닿는지 묻고 싶어요.

저는 '가난의 대물림'이라는 대목이 정말 와닿았습니다. 그전까지 저는 공부만 잘하면 문제없이 대학을 가고 취직하고 가정을 꾸리고 살 줄 알았습니다. 그때 상업고등학교를 졸업하고 바로 취직했던 초등학교 동창은 저를 만날 때마다 청약저축 이야기를 꺼내곤 했는데요. 고등학생 때부터 경제를 공부한 친구는 은행 이율도 빠삭하게 알고 있을뿐더러, 돈을 허투루 쓰는 법이 없었습니다. 청바지에 흰 티셔츠만으로 20대를 보내던 그 친구는 앞서 말한 금융이해력, 즉 금융지식, 금융행위, 금융태도를 모두 갖추고 있었어요.

친구와 저의 차이는 스물여덟 살이 되자 바로 나타났습니다. 막상 결혼을 하려니 모아 둔 돈이 별로 없던 저와 달리, 친구는 이미 2억을 모아 둔 상태였습니다. 대학 때부터 이야기하던 청약저축으로 내 집 마련을 계획하고 있었더라고요. 그제야 '나는 뭘 했나?' 하는 생각이 들더군요. 대학 다니면서 아르바이트하고 장학금도 받았으니 충분히 모을 수 있었을 텐데 그 돈이 다 어디 갔는지. 통장에 새겨진 초라한 잔액을 보며 반성했습니다.

그런데 그때뿐이었어요. 금융지식도 모자란 데다 금융태도도 부족했던 겁니다. 아이를 낳고 또 정신없이 살다 보니 금융지식을 채우기는커녕 통장 잔고는 날이 갈수록 줄어들었어요. 조금 더 작은 집에서 조금 더 적게 혼수를 준비하고 조금 더 생활비를 줄이며 아이를 키워야 했는데, 하는 아쉬움이 지금도 듭니다. 그 친구는 지금 다가구 건물주입니다. 20대 시절 친구의 금융이해력과 제 금융이해력의 차이가 만들어 낸 격차입니다.

단순히 빈부 격차만이라면 그나마 다행입니다. 가지고 있던 돈을 까먹는 경우도 워낙 많으니까요. 금융에 대한 이해 없이 과소비를 하고, 돈의 흐름을 파악하지 못한 채 주식으로 돈을 잃고, 값비싼 가격에 부동산을 사들인다면, 자산을 불리기는커녕 지키지도 못합니다. 돈 걱정하지 않길 바라는 마음에 부족함 없이 키운 자녀가, 성인이 되어 친구 보증을 서는 바람에 하나 남은 집마저 경매에 넘어가는 일도 심심치 않게 들립니다.

엄마로서, 딸로서, 며느리로서, 직장인으로서 사람 노릇을 하면서 동시에 아이들을 먹이고 충분한 교육을 받도록 키우며 1년에 천만 원 모으는 것은 정말 어려운 일입니다. 그렇게 힘들게 모은 돈인데 금융문맹으로 빚지면 안 되잖아요. 최소한 경제성장률만큼은 올라야

본전입니다. 문제는 이러한 나의 금융문맹으로 인해 아이에게 가난이 대물림된다는 점입니다. 주식 투자자 존 리는 금융문맹을 전염병에 비유합니다. 한 사람의 잘못된 금융지식이 전염병처럼 퍼져서 국가까지 위협하고 있다면서요.[5] 사교육에 대한 맹신, 주식을 투기로 치부하는 분위기 같은 잘못된 판단들이 그럴싸하게 포장되어, 가진 자는 계속 가지고, 없는 자는 계속 없을 수밖에 없는 가난의 대물림이 이어진다고 합니다.

통계청의 〈KOSTAT 통계 플러스〉 2021년 봄호에 따르면, 30대 미혼 인구의 54.8%가 부모와 함께 사는 '캥거루족'입니다.[6] 또한 40대 초반의 미혼 인구 중 44%가 부모와 동거를 하고 있다고 합니다. 청년층 고용불황이 이어지고 주택 비용은 상승하는 가운데, 성인이 되어서도 부모 세대에게서 경제적·정서적으로 독립하지 못하는 것입니다. 최근에는 마치 도박처럼 등락을 쉽게 가늠할 수 없는 암호화폐에 20~30대 청년들이 '영끌', 즉 영혼까지 끌어모으며 한 방을 노리고 있다는 이야기를 쉽게 들을 수 있습니다. 경제교육을 따로 받지 않고 성장한 20~30대의 경제개념에 대한 부족한 인식을 한눈에 볼 수 있는 장면입니다.

금융지식이 풍부한 부모는 아이들 이름으로 주식 계좌를 만들어 주고 아이가 확인할 수 있게 합니다. 덕분에 아이도 주식의 개념을 명확히 알게 되지요. 이 돈은 아이가 성인이 되면 원하는 일을 시작할 수 있는 종잣돈이 됩니다. 어려서부터 금융지식을 직접 체득하고 종잣돈을 가지고 있는 아이와 그렇지 않은 아이의 미래는 과연 얼마만큼 차이가 날까요? 내 아이는 전자에 속하나요, 후자에 속하나요? 아이가 성인이 되어 '왜 제게 금융교육을 해 주지 않으셨냐'고 원망하길 바라는 부모는 없을 겁니다. 내 아이가 '세상은 억울한 일투성이다. 가진 자는 더 갖고, 없는 자는 더 없는 구조에서 내가 할 수 있는 일은 없다'고 자책하기를 바라는 부모 또한 아마 없을 겁니다.

그래서 아이를 위해 금융문맹에서 벗어나고자 결심하는 분들이 많습니다. 결혼할 때도 미처 몰랐다가 아이를 낳고 키우면서 덜컥 돈의 무서움을 깨달은 것이지요. 돈 공부를 위해 관련 도서를 읽고 오프라인 강의를 찾아 듣기도 합니다. 움직일 여력이 되지 않고 아이 맡기기가 힘들다면 온라인 강의도 많습니다. 경제 관련 인터넷 기사, 오디오방송, 유튜브 무료강의도 널려 있습니다. 내가 구독만 해 놓으면 때맞춰 금융지식을 전해 주니, 너무 어렵게 생각하지 않아도 됩니다.

내가 아이들에게 들려줄 지식이 없다면 지금부터 하루에 하나씩 아이와 함께 배워 가는 것도 아주 좋은 방법입니다. 좌절하지 말고 일단 시작하는 것이 '금융문맹 탈출'의 유일한 방법임을 명심하세요. 금융문맹으로 끔찍한 가난의 대물림을 하고 싶지 않다면요.

경제교육의 부재로 일어나는 금융 사건

흉흉한 소식이 연달아 들려오는 지금, 재테크는커녕 내 돈을 지키는 것조차 무척 버겁다는 사실이 피부에 와닿습니다. 보이스피싱, 금융사기, 주가조작, 기획부동산 사기 등 곳곳에 내 돈을 노리는 하이에나들이 득실댑니다. 그래서 소위 가진 게 많은 집일수록 자녀들에게 재산을 지킬 수 있게끔 경제교육을 혹독하게 한다고 하지요.

반면, 지금 우리는 어떤가요? 아이들에게 교과목 공부만 열심히 시키잖아요. 사는 데 필요한 실전 교육을 받지 못한 아이들은 사회생활을 시작하자마자 교묘한 사기에 노출됩니다. 겨우 모은 용돈을 보이스피싱으로 날리고, 힘들게 저축한 돈을 예금자보호도 받지 못한 채 날리기도 합니다. 독립한답시고 원룸을 알아보다가 부동산 사기로 전세금을 몽땅 날리기도 하고, 지인 추천으로 주식을 하다가 돈을 잃기도 하지요. 이처럼 경제에 무지한 상태로 돈을 손에 쥐기 시작한 사회 초년생들은 사기꾼들의 좋은 먹잇감입니다.

누군가 이런 말을 했습니다. 금융사기는 몰라서가 아니라 의심하지 않아서 당한다고요. 그런데 의심도 뭘 알아야 할 수 있다는 거 알고 있나요? 알고 있어야 상대의 말에서 오류를 발견하니까요. 하지만 많은 사람이 머리 아파서 알려고 하지도 않고 상대방 말만 믿어버립니다. 이렇게 경제교육의 부재로 일어나는 금융 사건은 너무나도 많습니다.

우선, 보이스피싱을 알아볼까요. 그 어떤 기관에서도 전화나 문자로 개인정보를 묻지 않습니다. 계좌번호, 비밀번호처럼 돈과 관련한 것들은 특히나 그렇지요. 따라서 캐피탈이나 경찰청, 은행을 사칭하며 접근할 때에는 먼저 의심해야 합니다. 또한 아이들에게 개인 금융정보를 노출하지 않도록 가르쳐야 합니다. 그렇지 않으면, 초등학생의 경우 부모의 인적사항과 금융 관련 개인정보를 이모티콘 하나에 그대로 넘겨 버리기도 하거든요. 만약 아이들이 보이스피싱에 당했다면, 혼날까 봐 그 사실을 숨기지 않도록 가르쳐야 합니다. 곧바로 부모에게 연락해서 은행이나 경찰에 즉시 지급정지신청을 하게끔 해야 한다는 것도 알려 줘야 합니다.

다음은 최근 일어난 라임 펀드 사태 같은 고위험상품에 대한 펀드

투자입니다. 모자펀드(자펀드를 통해서 투자자의 자금을 모으고, 이를 모펀드에 투자하는 방식으로 이루어지는 펀드를 일컬음) 구조로 구성되어 있지만, 실제로는 주식, 채권 등 다양한 상품에 투자하여 목표 수익을 얻는 헤지펀드로서 횡령과 장부 조작을 통해 400% 대출이 가능했습니다. 실제로 이와 비슷한 금융파생상품의 경우, 용어에 관한 설명이 어렵고 수익구조도 복잡한 탓에 금융사에서 이러한 무지를 악용하는 사례가 적지 않습니다. 연 4% 수익률을 보장한다는 이야기 뒤에 전액을 잃을 수도 있다는 사실을 알려 주지 않는 셈이죠. 결국, 그 피해는 원금보장을 믿은 투자자의 몫입니다.

일종의 다단계로 불리는 폰지사기 역시 마찬가지입니다. 희대의 다단계 사기범인 조희팔의 경우, 5만여 명에게 4조 원가량의 피해를 입혔습니다. 저 역시 대학교 재학 시절 초등학교 동창 손에 이끌려 다단계에 끌려간 적이 있습니다. 3일 동안 계속해서 자존심을 자극하고 다이아몬드 계급이 되면 벌어지는 꿈같은 상황을 세뇌하니, 사회 초년생들은 곧 큰돈을 벌 수 있을 듯한 착각에 빠질 수밖에 없었습니다. 결국, 저와 같이 다단계에 끌려갔던 30여 명의 사람 중에 저만 그 자리를 박차고 나왔습니다. 1인 당 300여만 원의 투자금을 내었고 그 돈들은 고스란히 사라졌지요.

2010년 11월에 발생한 도이치 옵션쇼크는 한국 경제에 엄청난 타격을 입혔습니다. 이 사건은 장을 마감하기 10분 전에 2조 원 이상의 매도 물량이 쏟아지면서 코스피 지수가 50포인트 이상 급락한 사건입니다. 이 사건을 일으킨 주범들은 연말 실적으로 성과금을 받기 위해서 저지른 일이라고 변명했습니다. 결국, 그들은 448억 원을 챙겼고 국내 투자자는 1,400억 원의 손실을 입었습니다. 이렇게 주식 역시 주가조작, 분식회계, 내부자거래, 부실투자가 충분히 가능합니다.

부동산의 경우는 더 마음이 아픕니다. 원룸 보증금을 뜯긴 대학생이나 부동산 사기로 종잣돈을 날린 사회 초년생의 이야기는 듣다 보면 화가 날 정도입니다. 힘들게 모은 5~6천만 원의 전세금을 이중계약 사기와 뒤늦은 전입신고로 인해 날리는 경우도 있습니다. 집주인이 전입을 잠시만 빼달라고 해서 빼 준 순간 대출이 이루어지거나 다른 세입자가 들어오는 경우도 있지요. 특히 전입신고와 집주인의 대출이 같은 날 이루어지면 대출이 먼저 효력을 발휘한다는 것을 아는 대학생과 사회 초년생은 거의 없습니다. 부동산 중개업자의 이야기만 믿고 계약했다가 전세금을 전부 잃을 상황에 빠지는 겁니다.

또한 최근에는 공인중개사의 도움 없이 임대인과 임차인 간 직접 계약하는 일도 많아지고 있는데요. 이때 임대차 계약 전 반드시 '등기부등본'을 열람해야 합니다. 등기부란 등기사항전부증명서를 말하는데, 부동산의 소유 관계가 '갑'구에 담기고 채권 채무 관계가 '을'구에 해당하기 때문에 실제 소유주가 맞는지와 대출 관련 근저당 등의 내용을 확인할 수 있습니다. 은행에서는 주택을 담보로 대출을 해 줄 때 보통 110%에서 130%에 해당하는 채권최고액으로 근저당을 설정하므로, 이 금액과 자신의 전세보증금을 합친 금액이 KB(국민은행) 시세 또는 실거래가액을 넘으면 안 됩니다. 아울러 자신의 전세보증금보다 먼저 진행한 대출이 있는 경우에는 전세보증보험을 들어서 자신의 전세금을 지켜야 합니다. 또한 계약할 때 '잔금일 익일까지는 일체의 권리 변동은 없어야 한다'라고 명시하고 진짜 소유주가 맞는지 꼭 확인해 보아야 합니다. 이에 더해 잔금을 치르는 날 이사를 마침과 동시에 전입신고와 확정일자까지 완료해서 대항력 있는 임차인이 되어야 집이 경매로 넘어가는 만약의 경우에도 대비할 수 있습니다(주택임대차보호법에 대한 자세한 내용은 서울특별시에서 발행한 주택임대차보호법 가이드북으로 확인해 보면 좋을 듯합니다[7]).

자, 은행은 어떤가요. 은행은 예금자보호 대상 금융기관입니다. 예금자보호는 5천만 원까지라는 것만 알고, 그 이상에 대해서는 알지 못하는 사람들이 많습니다. 실제로 금융기관당 5천만 원 보호는 은행당 5천만 원을 의미합니다. 통장 하나당 5천만 원이 아니에요. 이 5천만 원에는 원금과 이자가 모두 포함됩니다. 이자는 소정의 이자로서 가입 당시 이자와 시중 1년 예금이자 중에 낮은 것을 말합니다. 그 금액들을 합쳐서 5천만 원까지만 보장합니다. 즉, 5천만 원 초과액은 보장되지 않습니다.

은행을 통해 가입한 타 증권사의 펀드 상품은 어떨까요? 결론부터 말하자면 펀드는 주식 같은 투자형 상품이기 때문에 예금자보호법에 의해 보호받는 대상이 아닙니다. 은행을 통해 가입한 타 보험사의 보험 상품은 해당 보험사나 보험 상품에 문제가 생기면 해지 처리되어 해지환급금을 제외하고 돌려받을 수 있습니다. 은행은 타 증권사의 펀드 상품을 대신 영업하고, 그에 따라 판매수수료를 얻습니다. 보험 상품 역시 마찬가지예요. 다만, 청약저축의 경우 정부가 지급을 보장합니다. 우체국 상품도 '우체국 예금 및 보험에 관한 법률'에 의거하여 국가에서 전액 보장합니다. 따라서 은행에는 해당 금액만큼 저축하고, 그 외의 것들은 국가에서 보장하는 상품을 믿는 편이 좋습니다. 고위험 고수익이라며 우리를 부추기는 것 중에는 원금보장이 되

금융상품별 예금자보호 대상 여부

구분	보호대상	비보호대상
은행 (농협은행·수협중앙회, 외국은행 국내 지점 포함)	• 보통예금, 기업자유예금, 별단예금, 당좌예금 등 요금불예금 • 정기예금, 저축예금, 주택청약예금, 표지어음 등 저축성예금 • 정기적금, 주택청약부금, 상호부금 등 적립식예금 • 외화예금 • 원금이 보전되는 금전신탁 등 • 예금보호 대상 금융상품으로 운용되는 확정기여형 퇴직연금제도 및 개인형퇴직연금제도의 적립금 등 • 개인종합자산관리계좌(ISA)에 편입된 금융상품 중 예금보호 대상으로 운용되는 금융상품	• 양도성예금증서(CD), 환매조건부채권(RP) • 금융투자상품(수익증권, 뮤추얼펀드, MMF 등) • 특정금전신탁 등 실적배당형 신탁 • 은행발행채권 등 • 주택청약저축, 주택청약종합저축 등

출처: 찾기 쉬운 생활법령정보 웹사이트[8]

는 상품이 없습니다.

주식으로 자산을 잃은 뒤 가족을 살해하고 스스로 삶을 포기한 엘리트들, 건강식품 설명회인 줄 알고 찾았다가 다단계에 돈을 날리고 절망에 빠져 스스로 생을 마감한 어르신들. 이처럼 안타까운 일들은 사회 계층이나 가진 돈의 크기와 관계없이 일어납니다. 흔히 우리는 하늘에서 돈이 떨어지면 행복할 거라고 생각합니다. 그러나 아무리 바라고 바라던 로또에 당첨되어도 돈을 제대로 관리하지 않으면 한순간에 나락으로 떨어질 수 있습니다. 우리의 돈을 지켜 주는 것은 하늘이 내리는 '로또 당첨운'이 아니라 바람직한 경제교육입니다.

자기주도학습은 용돈 관리에서 시작한다

자기주도학습이란 교육에 있어 전체적인 학습과정을 학습자가 자발적으로 이끌어 나가는 학습을 말합니다. 학습 경험을 계획하고 시행하고 평가하는 일차적인 책임을 학습자가 맡은 학습인 것이지요. 아이가 자기주도학습이 가능해서 부모가 공부하라는 잔소리를 할 필요가 없다면, 그 이상의 기쁨이 있을까요.

이러한 자기주도학습이 가능하도록, 많은 부모가 아이들이 어렸을 때부터 다양한 경험을 쌓고 단단히 기반을 다질 수 있도록 노력합니다. 이때 용돈 관리가 자기주도학습의 출발이 된다면 더 마다할 이유가 없지요. 유아 때부터 돈을 관리하는 습관을 가르친다는 것은 생활습관을 가르치는 것이며, 이는 나아가 자기주도학습이라는 큰 물줄기로 이어집니다.

아이는 용돈을 자신의 삶과 연결지어 계획합니다. 용돈을 받자마자 돈을 쓸지 말지 선택하는 과정을 거치지요. 용돈을 어디에 쓸지 계획하고, 이를 실행하며 바르게 썼는지 평가하는 모든 과정을 아이가 스스로 하게 됩니다. 용돈을 사용하면서 더 큰 것을 위해 기다리는 만족지연delay of gratification의 과정도, 자신에게 주어진 용돈을 나누는 기부의 과정도 아이가 주도적으로 해야 하는 일들입니다.

어렸을 때 스스로 용돈 관리를 해 보지 못한 아이들은 훗날 경제적으로 비참한 상황에 놓일 가능성이 큽니다. 실제 복권 당첨자 중 30%가 파산을 경험하는데, 이는 아직 준비하지 않은 상태에서 갑자기 거대한 부가 쌓인다고 해서 덩달아 재정관리 능력까지 향상하지 않는다는 구체적인 증거입니다. 몸에 밴 습관을 쉽게 바꿀 수 없는 것처럼, 기존의 소비 패턴과 저축, 투자 방식을 바꾸기도 힘들거든요. 따라서 무언가를 계획하고 소비하며 미래를 대비하는 경험은 어릴 때부터 쌓아야 합니다.

용돈을 준다는 것은 아이에게 자유를 주는 것입니다. 용돈을 사용하거나 모으는 것 모두 아이의 자유고, 따라서 우리는 아이의 선택을 존중해야 합니다. 돈을 정말 원하는 곳에 썼을 때의 느낌과 충동적으로 썼을 때의 느낌을 직접 경험하고 비교할 수 있게 하는 거예요. 기부를 통해서는 타인을 위해 돈을 쓸 때의 보람을 느끼고, 돈 관리를 못해 잃어버리면 속상함을 느끼겠지요. 돈을 차곡차곡 모으며 얻는 인내심과 뿌듯함도 마찬가지입니다. 스스로 돈을 모아야 돈의 크기를 알고, 자신이 원하는 것을 갖기 위해 기다리는 법을 체득합니다. 이것들이 모두 아이의 자산이 되어 비로소 돈을 관리할 수 있게 됩니다.

유대인을 비롯한 여러 선진국의 부모들은 아이가 어릴 때부터 돈에 대해 자연스럽게 대화할 수 있도록 유도합니다. 이러한 경험들이 훗날 아이가 스스로 돈을 관리할 수 있는 자산이 되지요. 반면, 우리나라처럼 돈에 대해 보수적인 분위기는 아이의 자기주도적인 경제습관에 전혀 도움이 되지 못합니다. 영어 단어는 유아 때부터 아이에게 하나라도 더 가르치기 위해 노력하면서, 경제 용어는 성인이 되면 알아서 배우게 될 거라며 얼버무리면서 말이죠.

이러한 모습은 마치 교육받지 못한 채 주어지는 스마트폰과 같습니다. 현재 우리 아이들은 과도하게 스마트폰에 몰입해 있고, 이로 인해 발생하는 문제들이 많습니다. 그래서 애초에 아이가 대학교에 갈 때 스마트폰을 사 주겠다고 원천적으로 차단하는 부모도 있어요. 하지만 온라인 교육이 더 강화되고 있는 요즘 같은 시대에 스마트폰이 없는 아이의 생활은 불편함을 넘어 필수재를 빼앗긴 것과 다를 바 없을지도 모릅니다.

스마트폰도 충분한 교육을 받은 후에는 자기주도적으로 사용할 수 있습니다. 실제로 부모에게 스마트폰 활용 교육을 받고 스스로 필요할 때만 스마트폰을 사용하는 아이들이 많습니다. 유튜브에서 공부하는 영상을 활용해 자신의 공부시간을 늘리는 아이들도 있고, 인스타그램의 '공스타그램(공부스타그램)'을 활용하여 학습량을 서로서로 점검하기도 해요. 화상 회의 서비스를 제공하는 줌(Zoom)을 활용해서 야간자율학습을 실천하는 아이들도 있습니다.

내 아이는 스마트폰으로 게임을 하지 않는다는 생각은 버리세요. 집에 들어가기 전에 집 근처 벤치에 앉아 와이파이를 잡아 열심히 게임하는 아이들이 정말 많거든요. 따라서 무엇보다 중요한 것은 아이 스스로 효율적으로 사용하고자 하는 의지를 북돋아 주는 겁니다.

용돈 교육과 스마트폰 교육 비교

	용돈 교육	스마트폰 교육
전제조건	부모의 생활습관, 삶에 대한 태도, 양육태도는 공통적으로 아이에게 절대적인 영향을 끼침	
지도 내용	용돈 사용 방법, 규칙 필요성과 가치에 맞는 소비 방법	스마트폰 사용 방법, 규칙 필요성과 가치에 맞는 사용 방법
충분한 교육 없이 성인이 되었을 때	무절제한 소비 사행성, 폭력성, 선정성에 노출	무절제한 중독 사행성, 폭력성, 선전성에 노출
중점 지도	용돈 사용 액수만이 아니라 사용 내용을 볼 것	스마트폰 이용 시간만이 아니라 사용 콘텐츠를 점검할 것
지도 방향	친밀한 부모 자녀 간 소통, 신뢰감 형성을 바탕으로 한 사용 규칙 제정 및 준수 → 비판적, 합리적으로 사용하려는 판단력 갖추기 → 자율적이고 규칙적인 사용 의지 갖추기 → 효과적인 사용 가능	
유의사항	부모의 무지와 무관심에 유의할 것 무관심: 아이가 알아서 잘 쓰겠거니 하며 관심을 두지 않아 발생하는 문제 (아이의 사용 콘텐츠와 전체 소비 내용에 대한 점검 필수) 무지: 돈과 스마트폰 이용에 대한 부모의 무지로 발생할 수 있는 문제 (부모의 돈 공부와 스마트폰 유해성 차단 앱을 활용하는 공부 지속)	

물론 아이가 처음부터 자기주도적으로 용돈을 바르게 사용하지 못할 수도 있어요. 하지만 아이의 상태를 아는 것 자체가 매우 중요합니다. 현재 아이가 돈을 어떻게 인식하고, 어떻게 사용하고 있는지를 제대로 알아야 적절한 지도가 이뤄질 수 있으니까요. 용돈 사용 내역을 정확하게 기입하게 하고 이를 확인하면서 아이의 성향을 파악해야 합니다. 자녀가 용돈을 받는 대로 다 써 버리는 성향인지, 차곡차곡 모으는 성향인지를요.

그동안 아이는 용돈을 바탕으로 우리 집 자산과 생활비를 이해하고 돈의 단위가 늘어나는 것을 경험하게 됩니다. 우리 집을 움직이는 모든 것이 부모의 계획 아래 이루어지는 일련의 과정이라는 사실을 알아가는 것이죠. 자신이 용돈을 어디에 사용할지 계획하는 것과 마찬가지로 말입니다.

아이가 훗날 돈에 대해 스스로 공부하길 바라며 미루지 말고, 부모가 먼저 바르게 돈을 관리하는 모범이 되어야 합니다. 돈이 없어서 못 사는 게 아니라, 돈을 갖고 있음에도 계획을 거쳐 꼭 필요한 곳에 소비하는 모습을 보여 주세요. 돈의 단위가 오를수록 더 지도할 것이 많고 위험성 또한 커집니다. 따라서 어렸을 때, 즉 돈의 단위가 작을 때 아이에게 차분히 가르쳐 주는 것이 더 쉽습니다. 그리고 이러한 경험과 지도가 바탕이 되면, 아이가 자기주도학습을 하는 데 귀중한 자산이 됩니다. 용돈을 스스로 관리해 본 경험이 있으니까요.

초등학교 교육과정 중 경제교육 영역 살펴보기

초등학교 교육과정에서 경제교육을 담고 있는 과목은 사회와 실과입니다. 현장에서는 학교 금융교육의 중요성이 강조되었지만, 오히려 7차 교육과정 이후 개정된 2015 개정 교육과정에서는 성취기준과 내용 요소가 대폭 감소했어요. 특히 초등학교 사회 과목에는 금융 관련 내용은 없고 경제 관련 내용만 있을 뿐입니다. 금융교육과 경제교육은 서로 다루는 주제가 다릅니다.

2015 개정 교육과정 내 사회 교과목 속 경제영역

영역	핵심 개념	일반화된 지식	내용 요소	
			3-4학년	5-6학년
경제	경제생활과 선택	희소성으로 인해 경제 문제가 발생하며, 이를 해결하기 위해서는 비용과 편익을 고려해야 한다.	• 희소성 • 생산 • 소비 • 시장	• 가계 • 기업 • 합리적 선택
	시장과 자원 배분	경쟁 시장에서는 시장 균형을 통해 자원 배분의 효율성이 이루어지고, 시장 실패에 대해서는 정부가 개입한다.		• 자유경쟁 • 경제 정의
	국가 경제	경기 변동 과정에서 실업과 인플레이션이 발생하며, 국가는 경제 안정화 방안을 모색한다.		• 경제 성장 • 경제 안정
	세계 경제	국가 간 비교 우위에 따른 특화와 교역이 발생하며, 외환 시장에서 환율이 결정된다.		• 국가 간 경쟁 • 상호 의존성

출처: 2015 개정 교육과정 총론 및 교과 교육과정 중 사회과 교육과정에서 발췌

먼저 사회 과목을 살펴볼게요. 2015년 개정 교육과정 이전에는 초등학교 3~4학년에 소비자의 합리적 의사결정과 관련된 정보 습득, 소비자의 권리를 포함하는 내용을 배웠습니다. 그러나 2015 개정 교육과정에서 제외되면서 사회 교과에서 금융교육과 관련한 교육이 이루어지지 않고 있습니다.

초등학교 5~6학년의 경우에는 2015 개정 교육과정에서 금융교육 관련 내용이 아예 없습니다. 모두 '우리나라의 경제 발전' 단원을 제시하고 경제성장, 무역과 관련한 내용을 공부할 뿐입니다.

2015 교육과정 내 실과 교과목 속 금융영역

영역	핵심 개념	일반화된 지식	내용 요소
			초등학교(5-6학년)
자원 관리와 자립	관리	제한된 생활 자원을 목적과 요구에 맞게 합리적으로 활용할 수 있도록 하는 관리는 지속가능한 삶을 위한 필요한 생활 역량이다.	• 시간·용돈 관리 • 옷의 정리와 보관 • 정리정돈과 재활용

출처: 2015 개정 교육과정 총론 및 교과 교육과정 중 실과과 교육과정에서 발췌

실과 과목의 경우에도 금융교육 관련 성취기준이 3개에서 1개로 축소되었습니다. 다시 말하면, 사회 교과와 실과 교과 모두 2015 교육과정에서 금융교육이 대폭 축소된 셈입니다.[9]

2018년 발표한 한진수 경인교육대학교 사회교육과 교수의 《2015 개정 금융교육 교육과정의 분석과 개선안 모색》 연구에서는 다음과 같이 이야기합니다. '2015 개정 교육과정을 통해 (중략) 학생들이 사회에서 원만하게 의사결정을 하는 데 필요한 금융 역량을 구비하여 금융생활을 적극적으로 수행하는 경제주체가 되기는 힘들다'고 말입니다.[10] 저 역시 전적으로 공감하는 부분입니다. 우리 아이들을 위해 금융교육 관련 교과가 재구성되어야 합니다. 동시에 가정에서의 금융교육도 병행하면 더할 나위 없겠지요.

아이에게 돈을 가르치는 속도에 관하여

Q 선생님, 아이에게 돈에 대해 천천히 알려 주고 싶어요.

A 어떤 말씀인지 충분히 이해합니다. 어차피 어른이 되면 다 알게 될 것을, 어린아이가 돈을 운운하는 게 보기 싫을 수 있어요. 아이가 돈에 민감해서 하나하나 다 알려고 들거나 말을 보태는 것도 정말 힘들죠. 특히나 대출처럼 민감한 부분에 대해서는 더 그럴 거예요.

하지만 아이에게는 알 권리도 있어요. 금융교육을 많이 받지 못한 우리 세대가 성인이 될 동안 우리나라가 급속도로 발전했지만, 그만큼 빈부 격차도 심해졌잖아요. 내 월급 빼고 다 오르는 불안함에 영혼까지 끌어모아서 주식을 사고 부동산을 사는 시점에 이르렀죠. 어찌 보면 돈에 대해 미리 배웠다면 이렇게 조바심을 내지는 않았을 거예요.

알다시피, 모든 일엔 양면성이 있어요. 좋은 점이 있으면 나쁜 점도 있잖아요. 그런데 돈은 유독 그 자체로 나쁜 것이 아님에도 사회에서 나쁜 면을 먼저 학습하게 돼요. 하지만 좋은 면도 배워야지요. 우리는 돈이 있으면 자신의 꿈을 그나마 쉽게 펼칠 수 있다는 것도 알고, 돈만 좇으면 안 된다는 것도 알고, 원하는 삶을 얻기 위해 꿈을 꾸면서도 현실적으로 생활비를 벌어야 한다는 것도 알잖아요.

이렇듯 우리가 아는 것들을 아이에게 알려 줘야 해요. 그렇지 않으면 내 품 안에서 아이를 자유롭게 놓아줄 수 없어요. 다 컸다고 품 안에서 놓는 순간 맹수가 낚아채 가는 걸 바라지는 않잖아요. 아이가 사회에 발을 내딛자마자 그 돈을 노리는 수많은 하이에나가 있을 텐데 그때마다 뒤를 졸졸 따라다니며 감시할 수도 없고, 그래서도 안 돼요.

그래도 걱정할 필요는 없어요. 정글 같은 세상에서 스스로를 지킬 수 있도록 미리 바깥세상에 대해 가르쳐 준다면 말이죠. 성교육처럼 감추면 감출수록 잘못 배워요. 우리가 함께하면 건강한 돈 교육을 할 수 있습니다.

Chapter

2

기본

용돈으로 시작하는 우리 아이 경제교육

초등 아이에게 용돈이 꼭 필요할까?

아이를 낳아 먹이고 입히고 재우는 것은 부모의 역할이자 의무입니다. 이에 대한 비용이 만만치 않은데, 이렇듯 빠듯한 상황에서 아이 용돈까지 따로 챙겨 주라니, 꼭 그래야만 하는지 의문이 들 만도 합니다. 이렇게 생각해 보면 어떨까요? 우리는 아이가 양질의 교육을 받길 원하고, 그래서 매달 만만치 않은 돈을 참고서, 문제집, 학습지, 학원비로 지불하잖아요. 여기에 용돈도 교육비로 포함하는 거예요. 사실 교육적인 효과에서는 웬만한 문제집이나 학습지 못지않은 것이 이 용돈 교육입니다.

모든 것이 풍족한 집단은 '어떻게 하면 결핍을 가르칠 수 있을까?'를 고민한다고 합니다. 다시 말하면, 아이 스스로 뭔가 부족하다고 느끼고 그것을 갈구하고, 노력 끝에 원하는 것을 성취하는 과정을 경험할 기회를 마련하고자 고민한다는 것입니다. 우리는 경제적 결핍을 경험한 사람들이 부를 갈구하여 끝내 부자가 되는 이야기를 그동안 많이 접했습니다. 결핍을 느끼고, 결핍에서 벗어나기 위해 노력한 결과잖아요. 결핍이 일종의 삶의 원동력으로 작용한 겁니다.

아이에게 주는 용돈은 생산, 소비, 기부, 투자를 모두 배울 수 있는 가장 좋은 경제교육 방법입니다. 부모로부터 받는 일정한 용돈은 '생산'에 속해요. 용돈이 부족하다고 느끼는 아이는 생산을 높이는 방법을 연구하거나 타협을 통해 더 얻어 낼 방법을 궁리합니다. 결핍을 해결할 실마리를 찾으려 노력하는 거예요. 이렇게 생산을 늘리려는 아이를 제외하고, 대부분의 아이는 부모에게서 받는 용돈에 적응합니

돈에 대한 의지와 주변인과의 관계에 대한 애정도로 나눈 네 가지 유형

첫 번째 유형	두 번째 유형
돈에 대한 의지 + 주변인과의 관계 + 용돈을 받으면 저축한다. 용돈을 가족이나 친구 생일 등 꼭 필요한 곳에 사용한다.	돈에 대한 의지 + 주변인과의 관계 − 용돈을 받으면 모두 저축한다. 자신의 돈은 사용하지 않으려 하고 부모님이 해결해 주길 원한다.
세 번째 유형	**네 번째 유형**
돈에 대한 의지 − 주변인과의 관계 − 용돈을 받으면 모두 사용한다. 친구나 부모님께 사 주는 것 없이 자신이 갖고 싶거나 먹고 싶은 것만 산다.	돈에 대한 의지 − 주변인과의 관계 + 용돈을 받으면 모두 사용한다. 주변 친구들에게 전부 베풀고 즐거워한다.

(돈에 대한 의지 정도 +: 높음 −: 낮음 / 주변인과의 관계에 대한 애정도 +: 높음, −: 낮음)

다. 이 아이들은 돈에 대한 의지와 주변인과의 관계에 따라 네 가지 유형으로 나눌 수 있어요.

첫 번째 유형의 아이는 용돈을 받으면 불필요한 것은 사지 않고 최대한 아끼는 방법을 고민하면서도, 가족을 위해서는 지갑을 엽니다. 이미 바람직한 소비 태도를 함양한 아이예요. 이런 아이는 저축으로 이자를 받는 즐거움도 알게 할 수 있습니다. 그리고 명절 용돈과 월별 용돈을 구분해서 투자를 가르칠 수도 있어요. 우리가 키워 내고 싶은 유형이 이 첫 번째 유형입니다.

용돈 저축에 재미를 느끼고, 자기 돈은 쓰기 싫어하는 아이는 두 번째 유형입니다. 이 아이는 액수가 커질수록 더더욱 열심히 용돈을 모으려고 해요. 만약 이 아이가 자기가 모은 돈은 쓰지 않고 갖고 싶은 건 모두 사달라고 떼를 쓴다면, 그러면 안 된다는 것을 명확히 가르쳐야 합니다. 어릴 때 배우지 않으면, 성인이 되어 백날 얻어먹고 밥 한 번 사지 않는 인색한 사람이 돼요. 용돈은 자기가 필요한 것을 사기도 하고, 다른 사람에게도 베풀기 위한 자원이라는 점을 알려 줘야 합니다. 기부를 가르쳐서 깨달음을 얻게 하면 좋은 유형이에요.

세 번째 유형의 아이는 용돈을 마구 사용하고 자신에게만 베푼다는 특징을 가지고 있습니다. 이 아이는 주로 자신이 갖고 싶은 것, 먹고 싶은 것에 용돈을 전부 사용합니다. 여자아이의 경우 작은 머리핀부터 학용품, 스티커, 연예인 이모티콘 등 자신이 좋아하는 것에 모두 사용하고요. 남자아이는 대부분 먹을 것에 쓰고, 게임 아이템이나 조립용 장난감 등 일회성으로 끝나는 것들에 사용합니다. 용돈을 받으면 원하는 것을 사느라 다 써 버리고는, 정작 필요할 때 돈이 없어서 부모에게 매번 칭얼거리는 아이가 이 유형에 속해요. 어릴 때는 교육을 통해 개선할 가능성이 있지만, 성인이 되어 이런 경제생활을 반복하면 캥거루족을 면하기 어려워집니다. 합리적인 소비 방법을 가르쳐서 적당한 시기에 자립할 수 있는 능력을 길러 줘야 합니다.

마지막으로 살펴볼 네 번째 유형의 아이는 자신에게 용돈을 쓰는 것뿐만 아니라, 타인에게 베푸는 것도 좋아합니다. 이 아이의 주변에는 친구가 많아요. 학교나 학원 공부가 끝나고 나면 친구들과 아이스크림이나 떡볶이를 같이 먹고는 하죠. 물론 대부분 이 유형의 아이가 돈을 냅니다. 같이 즐겁게 먹고 노는 것은 좋지만, 자세히 살펴볼 사항이 있어요. 가령 아이가 함께 다니는 친구들에게 늘 사기만 하는 건 아닌지, 혹시 친구들에게 사지 않으면 같이 놀지 않을까 봐 걱정하는 마음에 그러는 것인지 말입니다. 만약 그렇다면 돈으로 상대의 환심을 사는 셈입니다. 이런 아이에게는 조건 없이 베푸는 것이 능사가 아니며, 상대방에 맞춰 가는 것이 더욱 중요하다는 점을 가르쳐야 합니다. 그리고 돈으로 친구의 관심을 사는 게 아니라는 것도 일러 줘야 하지요.

자, 용돈에 대한 태도와 주변인과의 관계 지향성에 따라 저마다 다른 아이들의 모습이 떠오르나요? 결국, 우리가 가르쳐야 할 것은 용돈 교육을 통해 바르게 돈을 모으고 사용하는 금융태도인 것입니다. 이를 위해서 우리는 적은 돈이라도 아이가 직접 관리하며 책임감을 배우고, 바람직한 소비를 통해 행복감을 느낄 수 있도록 해야 합니다. 교육적인 비용, 즉 용돈을 통해서 말입니다.

아이의 나이마다 얼마의 용돈을 줘야 할까?

아이 용돈, 얼마를 줘야 너무 많지도 않고 적지도 않을까요?

우선 용돈에 관한 통계를 살펴보도록 하겠습니다. 보건복지부에서 진행한 〈2018 아동종합실태조사〉의 '아동용돈 지급여부'라는 항목에서는 성별, 연령별 등 다양한 기준에 따라 아동 용돈을 구분하고 있습니다.[1]

이에 따르면, 6~8세 아동은 21,670원, 9~11세 아동은 26,360원, 12~17세 아동은 54,220원을 월별로 받습니다. 또한 6~8세 아동 중에 용돈을 받지 않는 경우가 77.2%를 차지하였지요. 9~11세의 경우 48.9%의 아이가 용돈을 받고 있고, 12~17세에 이르러서야 83.3%의 아이가 용돈을 받고 있다고 대답했습니다. 어렸을 때부터 용돈의 사용 방법과 적정액수를 모른 채로 자라 온 아이들은 경제관념을 갖

아동용돈 지급여부

		예(%)	아니오(%)	계(명)	용돈평균 (천 원)
전체		61.6	38.4	3,169	45.86
아동 성별	남자	62.5	37.5	1,642	48.34
	여자	60.7	39.3	1,527	43.12
아동 연령	6–8세	22.8	77.2	656	21.67
	9–11세	48.9	51.1	841	26.36
	12–17세	83.3	16.7	1,672	54.22
표본	일반	61.8	38.2	2,996	46.50
	수급	58.7	41.3	173	34.31
소득계층	중위소득 50% 미만	53.1	46.9	303	34.28
	중위소득 50~100% 미만	56.7	43.3	1,067	36.93
	중위소득 100~150% 미만	61.6	38.4	1,298	47.91
	중위소득 150% 이상	78.7	21.3	464	61.28
	무응답	59.0	41.0	37	46.15
지역	대도시	63.3	36.7	1,358	42.95
	중소도시	60.8	39.2	1,615	48.28
	농어촌	56.3	43.7	195	47.02
가구유형	양부모	61.7	38.3	2,945	45.33
	한부모·조손	60.6	39.4	224	52.96
맞벌이여부	외벌이	55.2	44.8	1,543	43.07
	맞벌이	68.5	31.5	1,563	48.15
	기타	47.4	52.6	63	43.54

출처: 〈2018 아동종합실태조사〉(보건복지부) 511쪽

는 데 시간이 오래 걸릴 수밖에 없습니다.

아울러 이 조사에 따르면, 9~17세 아동이 꼽은 스트레스 요인 중 19.3%가 용돈이 부족해서라고 합니다. 이처럼 용돈은 더 이상 미루어서는 안 되는 문제가 되었습니다. 또한 수급 아동의 경우는 용돈 부족으로 받는 스트레스가 9~17세 아동의 2배(40.9%)에 이를 정도입니다. 아이에게 용돈이 필요 없다고 치부할 것이 아니라, 연령별·학

년별로 아이에게 적정한 용돈을 주어야 하는 이유입니다.

제가 제시하는 초등학생 용돈은 다음과 같습니다. 먼저 학년별로 구분해 보겠습니다. 해당 학년의 숫자보다 천 원씩 더 얹어서 일주일 용돈으로 정하면 됩니다. 5주를 기준으로 할 때 한 달 기준 1학년은 2천 원×5주 즉 만 원, 2학년은 3천 원×5주 즉 1만 5천 원이 적정 용돈 액수인 것입니다.

3학년부터는 2주나 한 달마다 용돈을 주는 것을 추천합니다. 금액을 살펴보면 3학년은 4천 원×5주 즉 2만 원, 4학년은 5천 원×5주 즉 2만 5천 원, 5학년은 6천원×5주 즉 3만 원, 6학년은 7천 원×5주 즉 3만 5천 원입니다

물론 용돈 액수는 지역과 가정형편에 따라 다를 수 있습니다. 다만 앞서 언급했듯 용돈은 너무 많아도, 너무 적어도 문제가 일어날 수 있기 때문에 평균치를 기준으로 삼아야 해요. 이때 용돈은 의식주에

초등학교 학년별 한 달 기준 적정 용돈 금액 제안

학년	일주일 적정 용돈	한 달(5주) 기준 합산한 용돈 액수	적절한 지급 일시 (한 달 용돈을 나누어 지급)
1학년	2천 원	1만 원	일주일마다
2학년	3천 원	1만 5천 원	일주일마다
3학년	4천 원	2만 원	2주나 한 달마다
4학년	5천 원	2만 5천 원	2주나 한 달마다
5학년	6천 원	3만 원	2주나 한 달마다
6학년	7천 원	3만 5천 원	2주나 한 달마다

관한 것들은 제외하고 말 그대로 순수 용돈으로서 아이에게 제공해야 합니다. 다시 말하면, 밥을 먹고 나서도 군것질을 하고 싶거나 부모가 사 주는 것 외에 자신이 갖고 싶은 것이 생겼거나, 친구와 함께 기념하는 것들이 순수 용돈에 포함되지요. 학원 수업 사이사이에 먹는 저녁 식사를 용돈에서 해결하라고 하는 것은 바람직하지 않습니다. 기본적인 의식주는 부모가 해결해야 할 부분이에요.

한편, 아이가 자신의 용돈을 저축, 소비, 투자, 기부 순으로 3:3:3:1로 나누어 쓸 수 있도록 가르쳐야 합니다. 아이 용돈 액수가 워낙 적으면 위와 같이 진행할 수 없겠지요. 따라서 이러한 용돈 교육을 위해서는 아이에게 용돈을 조금 넉넉히 주는 것이 좋습니다. 용돈 2만 원으로 가정하면 이렇습니다. 먼저 6천 원은 저축하여 종잣돈의 개념을 배우고, 남은 돈에서 6천 원은 투자를 위해 모으고, 거기서 남은 6천 원은 순수 용돈으로 사용합니다. 마지막으로 남은 2천 원은 자신이 희망하는 곳에 기부하기 위해 모으는 것이지요.

이러한 용돈 교육은 물론 효과적이지만, 그보다 먼저 아이가 자신이 원하는 것을 살 수 있도록 자유를 주는 것이 좋습니다. 다시 말하면 받은 용돈의 3분의 1은 아이가 마음대로 쓸 수 있도록 기회를 주는 것이지요. 단, 용돈 기입장에 사용 내용을 써넣도록 아이와 약속해야 합니다. 아이가 자신의 소비 습관을 반성하고 더 나은 소비를 위해 나아가는 발판이 될 것입니다.

다음으로 사용 금액을 제외한 나머지 금액은 저축하도록 방향을 잡아 주면 좋습니다. 아직 투자 개념을 모르는 아이에게 저축의 기쁨을 먼저 느끼도록 해 주는 것입니다. 자신이 갖고 싶은 것을 참으면서 얻는 만족 지연의 기쁨을 직접 경험해 보는 것이지요.

마지막은 다른 사람을 위한 기부입니다. 아이들은 나 → 가족 → 학교 → 이웃 → 나라 → 세계로 시야가 넓혀집니다. 다시 말하면 아이들이 처음 행하는 기부는 환경단체나 불우이웃을 돕는 쪽보다는 내 가족을 위한 방향으로 이루어지는 것이 좋습니다. 나를 키워 준 부모님과 조부모님께 드리는 선물, 형제자매를 위한 선물 등이 이러한 기부가 될 수 있어요. 먼저 나를 사랑하고 가족을 사랑할 줄 알아야 이웃의 아픔이 보이기 때문입니다.

막연히 좋은 일이라면서 기부하자고 하면 아이들은 당연히 싫어합니다. 힘들게 모은 돈이 사라져 버리기 때문이죠. 그러나 자신이 처음으로 기부한 대상인 엄마가 작은 선물에도 행복해하고 매우 즐거워한다면 기부의 즐거움을 느낄 수 있습니다. 조금씩 기부하고 싶은 마음이 들도록 지도하면 됩니다. 아울러 투자도 결국 종잣돈이 모여야 가능하기 때문에 소비와 저축, 투자의 균형을 찾아가도록 이끌어 주어야 합니다.

아이들은 용돈을 받으면 몽땅 써 버리고 싶어 합니다. 그러므로 부모는 아이에게 적정한 용돈을 제공하고, 아이가 이를 잘 관리하는 방법도 가르쳐야 해요. 대신 아이가 스스로 용돈을 늘릴 수 있도록 가정에서 다양한 방안을 생각해 보는 것이 좋습니다. 주어진 금액 내에서 계획적으로 사용하고, 자신의 능력을 활용하여 더 벌기도 하면서 다른 사람을 돕고 싶다는 마음이 드는 것이 건강한 경제 시민으로서의 첫걸음입니다.

아이의 용돈을 정할 때 고려해야 할 점

용돈의 액수를 정할 때는 아이의 나이를 고려해야 합니다. 초등학교 저학년인지, 중학년인지, 고학년인지 구분하여 생각해 주세요. 그에 따라 아이의 생활 반경뿐 아니라, 만나는 친구들도 달라지기 때문입니다. 초등학교 저학년의 경우에는 일주일에 2천 원에서 3천 원 정도면 충분해요. 초등학교 중학년의 경우 일주일에 4천 원에서 5천 원, 고학년의 경우 일주일에 6천 원에서 7천 원이 적정합니다. 이 정도를 평균으로 잡고 가계 상황과 주위 아이들의 평균 용돈, 사는 지역, 아이의 생활 반경을 고려해 용돈을 조정해 보세요.

구체적으로 살펴볼까요. 만약 지금 재정적으로 매우 힘든 상황이라면 한 달 2~3만 원의 용돈도 부담일지 모릅니다. 이런 경우 아이에게 우리 집 상황에 대해 솔직하게 이야기해 주세요. 그리고 적은 액수라도 용돈을 지급하세요. 비록 친구들 절반 수준에도 못 미치는 용돈이라도 아이에게 충분히 상황을 설명하면, 아이도 이해합니다. 적은 액수라도 자율적으로 계획하고 사용할 수 있는 돈을 줘야만, 아이가 자립심을 기를 수 있습니다.

가정형편이 윤택하여 훨씬 더 많은 금액을 아이에게 주고 싶은 분도 있을 거예요. 조부모님이 손주를 만날 때마다 용돈의 5배에서 10배에 이르는 큰돈을 아이에게 주고 갈 때도 있을 거고요. 이런 비정기적인 용돈은 정기 용돈과 구별하여 보관해야 합니다. 일종의 보너스 같은 돈이거든요. 이 돈을 아이에게 그냥 맡기면 헤프게 사용할 확률이 높아요. 친구에게 자랑하려고 쓰다가, 결국에는 시샘만 받는 부작용도 있습니다.

다음은 사는 지역입니다. 실제로 문화생활을 즐기기에 부족한 환경인 읍면 지역의 경우는 대도시에서보다 용돈을 사용할 일이 적습니다. 주변에 유혹거리도 적고 충동적으로 들르게 되는 편의점도 눈에 띄지 않으니까요. 실제 도시별로 군것질에 드는 비용이 다르다고 합니다. 제 아이들의 경우에는 안양에서는 그렇게 군것질을 하고 싶어 하더니, 경북 안동의 할아버지 댁에서는 군것질을 하지 않더라고요. 안 했다기보다 못 할 수밖에 없는 환경이었습니다. 주변이 온통 논밭인 데다 밭에 나가면 사과와 옥수수가 가득했거든요.

주변 아이들이 받는 용돈 평균 액수도 파악해야 합니다. 아이들은 서로 용돈을 얼마나 받는지 알고 있고, 이에 대해 꽤 예민하게 반응합니다. 따라서 아이들과 대화를 나눠 보는 것을 추천해요. 또래보다 적게 받는 아이도, 과한 용돈을 받는 아이도 자신이 받는 용돈이 너무 적거나 많다는 걸 알거든요. 어느 정도면 적당한 금액일지 아이와 이야기를 나누며 생각을 들어 보면 좋겠지요. 아이와 친한 친구의 부모님과 만나서 서로 용돈을 얼마 주는지 허심탄회하게 이야기를 나누는 것도 좋은 방법입니다. 그렇게 하면 아이의 용돈에 대한 불만도 줄이고, 용돈으로 일어날 수 있는 문제점들을 예방할 수 있습니다.

마지막으로, 아이의 생활 반경입니다. 아무래도 집에서 부모와 온종일 함께 있는 아이들은 용돈을 사용할 일이 적습니다. 반면, 맞벌이 가정이나 학원에서 온종일 시간을 보내는 아이의 경우는 용돈을 쓸 일이 더 잦은 만큼 좀 더 챙겨 줘야 해요. 다른 친구들의 서너 배가 아니라, 하루에 한 번 1~2천 원짜리 간식을 사 먹을 수 있을 만큼만 더 챙겨 주는 거예요. 즉 다른 친구들이 일주일에 1만 원의 용돈을 받으면, 이 아이는 1만 5천 원에서 2만 원 정도의 용돈이면 충분합니다. 혹시 아이가 간식을 사 먹을 돈이 부족하다고 이야기하면 아이와 충분히 이야기를 나누고 그에 따라 아이 스스로 판단을 내릴 수 있도록 도와주세요. 무작정 많은 용돈을 주면, 아이는 주는 만큼 전부 쓰고 맙니다.

독일 뮌헨의 청소년 상담센터에서 제안하는 용돈의 3분할이 있습니다. 그에 따라 부모와 함께 사는 직업교육생의 경우, 받는 돈을 다음과 같이 사용하라고 권고합니다. 3분의 1은 집안 살림을 위해, 3분의 1은 저축이나 생활에 필수적인 것(예를 들어 교통비)에, 나머지 3분의 1은 순수 개인적인 필요를 위한 용돈으로요. 우리가 처음 아이들에게 용돈을 줄 때는 자신들에게 필요한 것을 스스로 계획하고 현명한 소비를 하기를 바라는 마음이 작용합니다. 그 후엔 자기 자신만을 위해서가 아니라 사회구성원으로서, 또 가족의 일원으로서도 의무를 다하는 건강한 시민이 되길 바라지요.

훗날 아이가 그러한 사람이 되기 위해서는 용돈을 정하는 단계에서부터 사용 후 단계까지 아이와 충분히 대화하며 진행하는 것이 좋습니다. 그래야 아이들도 자신에게 맞는 재정 상황을 객관적으로 볼 수 있는 눈을 키울 수 있습니다.

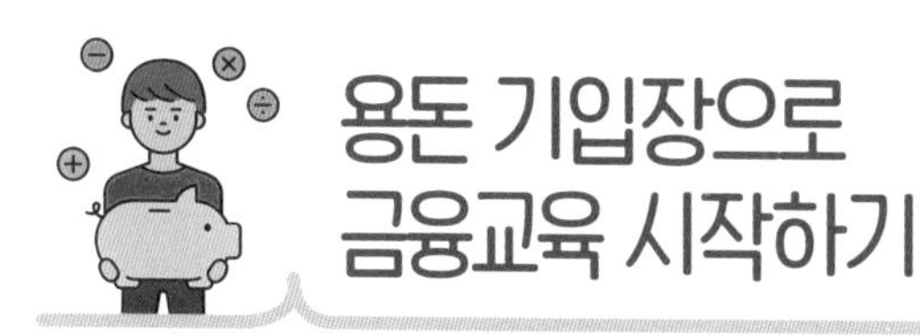

용돈 기입장으로 금융교육 시작하기

현직 교사 박정현 작가의 《13세, 우리 아이와 돈 이야기를 시작할 때》라는 책에는 '돈을 가르치지 않는 학교의 사정'이라는 장이 있습니다. 이 책의 내용에 따르면, 금융회사 임원이 금융교육 강의를 진행하기 가장 어려운 곳으로 '학교'를 꼽았다고 합니다. 아이들 앞에서 돈 이야기를 하는 것을 못마땅하게 여기는 사람들이 많아서 그렇다고 해요. 아이들 또한 중학생까지는 관심을 가지며 열심히 참여하는데, 고등학생부터는 입시와 관련 없는 강의라고 매우 비협조적이라고 합니다.[2]

우리가 명심할 부분은 중학생까지는 관심을 갖고 열심히 참여한다는 것입니다. 아이들이 관심을 둘 시기에 알맞은 금융교육이 이루어지면 좋겠지만, 앞서 언급했듯 초등학교 교육과정에서 돈을 다루는 부분은 매우 적습니다. 초등학교 5학년 실과 과목에 '생활 자원의 관리'라는 단원이 있는데요. 이 단원에 실린 시간·용돈 관리 부분을 합치면, 시간 관리 4쪽, 용돈 관리 2쪽이 전부입니다. 2쪽도 터무니없이 적은 편인데 그중에 '나만의 용돈 기입장 만들기'가 3분의 2를 차지하고 있으니, 제대로 된 금융교육이 없다고 느낄 수밖에 없습니다.

해당 단원에서의 성취기준(학습 후 도달해야 할 기준)은 다음과 같습니다. '용돈 관리의 필요성을 알고 자신의 필요와 욕구를 고려한 합리적인 소비 생활 방법을 탐색하여 실생활에 적용한다.' 역설적으로 해당 단원에서 이 성취기준에 도달하는 데 필요한 교육 내용이 절대적으로 부족합니다. 그러니 용돈 기입장을 실제로 적는 아이도 적고, 꾸준히 적는 아이는 당연히 더 적습니다. 수행평가의 한 부분으로만 진행되기가 쉬운 것이죠.

아이들에게 용돈 기입장 사용법을 어떻게 지도해야 할까요? 우선 용돈 기입장을 적는 이유와 작성 방법, 자신의 용돈 사용을 점검하는 3단계를 이해해야 합니다.

요즘처럼 현금보다는 카드를 주로 사용하고, 동전을 쓰는 일이 많이 줄어든 와중에도 용돈 기입장은 작성해야 합니다. 아이가 용돈 기입장을 쓰는 것은 어른이 가계부를 작성하는 것과 같습니다. 아무리 귀찮더라도 써야 하는 셈이지요. 가계부를 작성하지 않으면 '내가 이 돈을 다 어디에 썼지?' 싶은 순간에 '어딘가에 썼겠지' 하고 무심히 넘어가고 말지만, 기록이 남아 있으면 모든 지출 내역이 한눈에 들어옵니다. 당장 필요하지도 않은데 싸다고 쟁여 놓느라 쓴 돈, 한밤에 출출함을 참지 못해 주문한 야식처럼 충동적으로 지출한 것들이 눈에 보여요. 이렇게 눈에 들어와야 소비에 대해 반성하고 각성하게 됩니다. 아이들 역시 마찬가지예요.

본격적으로 용돈 기입장을 쉽게 작성하는 방법에 대해 알아보도록 할게요. 시중에서 살 수 있는 용돈 기입장을 이용해도 좋고, 간단히 노트에 줄을 그어 쓰는 것도 나쁘지 않습니다. 다만, 지금부터 제가 제시할 용돈 기입장 작성 방법이 조금 더 쉬울 거예요.

우선 용어부터 바꿔야 합니다. 용돈 기입장이 아닌 현금 흐름표cash flow로 이름을 변경하고 수입, 지출, 잔액은 각각 받은 돈, 쓴 돈, 남은 돈으로 바꿉니다. 한자어를 아이들이 쉽게 이해할 수 있는 단어로 바꾸는 거예요. 또한 아이들이 현금 흐름표를 작성하는 이유를 알 수 있도록 '필요해서 산 것(need)'과 '원해서 산 것(want)'으로 구분해 줍니다. 어른들의 가계부에는 필요 정도에 따라 필수 소비, 중간 소비, 충동 소비처럼 3단계로 구분하지만, 아이들은 이런 경우 보통 중간으로 몰리는 경향이 있습니다. 따라서 꼭 필요한 것과 아닌 것으로만 분류해야 하지요. 그리고 마지막에 need와 want의 합을 구해 보는 거예요.

일반적인 용돈 기입장과 현금 흐름표 작성 예시 비교

(단위: 원)

준솔이의 용돈 기입장				
날짜	내용	수입	지출	잔액
7/1	남은 용돈	1000		1000
7/1	이번 달 용돈	5000		6000
7/3	동생 생일 선물		3000	3000
7/6	과자		1500	1500

(단위: 원)

준솔이의 현금 흐름표(CASH FLOW)					
날짜	1	2	3	받거나 쓴 돈	남은 돈
7/1	1000			남은 용돈 1000	1000
7/1	5000			이번 주 용돈 +5000	6000
7/3		3000		동생 생일 선물 －3000	3000
7/6			1500	과자 －1500	1500
합계	6000	3000	1500		1500

(1: 받은 돈 2: 필요해서 쓴 돈 3: 원해서 쓴 돈)

위의 현금 흐름표를 보면, 1번은 받은 돈(수입), 2번은 꼭 필요해서 사용한 돈(need), 3번은 참을 수 있었거나 꼭 쓰지 않아도 됐던 돈(want)을 의미합니다. 생활하면서 중요한 순서대로 나열한 것이죠. 당연히 1번의 비중이 가장 커야 하고 그다음 2번, 3번 순서여야 알맞은 경제생활을 영위할 수 있습니다.

자, 이제 내용을 살펴볼게요. 초등학교 4학년인 준솔이는 지난달 쓰고 남은 1,000원과 이번 주에 받은 용돈 5,000원을 1번 받은 돈에 적었어요. 2번 need에는 동생 생일 선물로 지출한 3,000원을, 3번

want에는 과자 사 먹은 돈 1,500원을 적었습니다. 1에서 2와 3을 빼니 1,500원이 남았네요. 이제 아이와 함께 3번에 대해 이야기를 나누고 아이가 반성할 수 있도록 지도하면 됩니다. 실과에서 '용돈은 특별한 목적을 갖지 않고 자유롭게 쓸 수 있도록 주어진 돈'이라고 정의하고 있지만, 자유롭게 쓰는 것과 대책 없이 쓰는 것은 전혀 다르니까요.

그렇다고 남은 돈은 무조건 저축해야 한다는 식의 지도도 옳지 않습니다. 남은 돈을 기부할 수 있도록 안내하거나 자신이 원하는 책을 사거나 모아서 주식을 사는 등 투자에 대해 가르쳐 보는 것도 좋아요. 아이의 현금 흐름표 작성은 우리가 쓰는 가계부와 마찬가지로 돈을 사용한 후 반성과 점검을 하는 데 목적이 있다는 점을 잊지 말기 바랍니다.

만약 이와 같은 방법을 진행하기에 시간이 부족하고 또 절차가 복잡하다 느껴진다면, 다음 현금 흐름표 작성 방법을 안내할게요. 이후에 제시할 '은행에서 계좌 만들기'와 연결되는 내용입니다. 우선, 아이 앞으로 입출금 통장을 만들고 인터넷 뱅킹, 모바일 뱅킹을 신청하여 실시간으로 사용 금액과 이자를 확인하는 겁니다. 이 경우 부모님 휴대폰에서 인증서 선택만 바꿔 가며 확인하면 되니까 크게 어렵지는 않습니다. 혹시 이마저도 어렵다면 다음 방법을 활용해 보세요. 바로 입출금 계좌에 남은 용돈을 모아 두는 방법입니다.

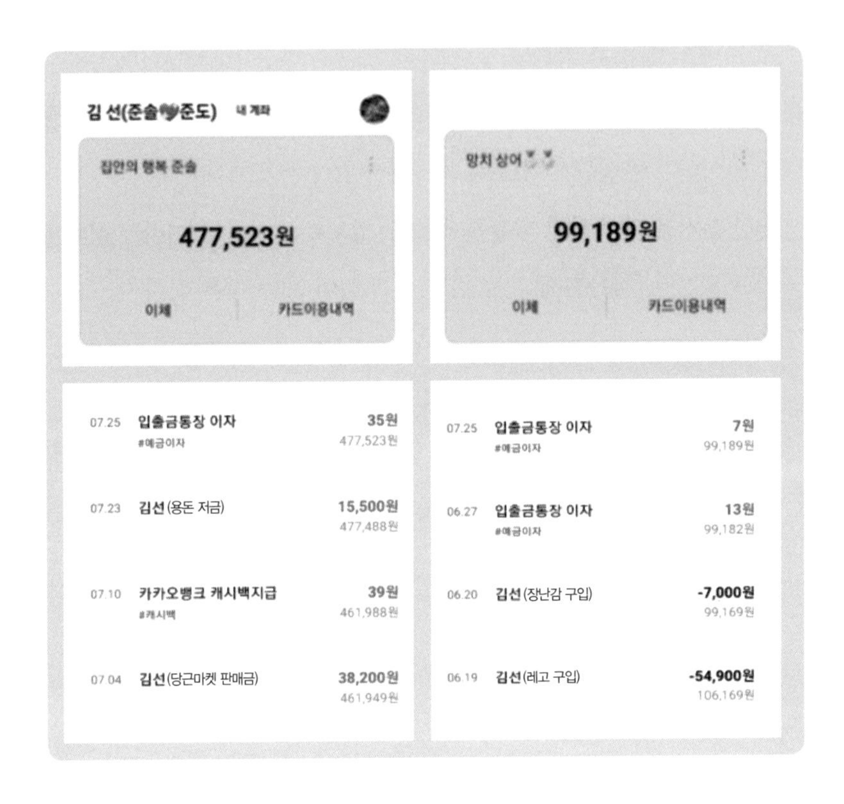

저도 아이들에게 용돈을 지급하고 있습니다. 아이들은 용돈을 쓰고 남은 돈을 저금통에 모아서 많게는 일주일에 한 번, 적게는 한 달에 한 번 "엄마! 입금해 주세요!"라고 합니다. 그러면 저는 그 돈을 받아서 제가 갖고 있는 은행 입출금 계좌에 입금해요. 아이들과 각각 '집안의 행복 준솔', '망치 상어'라는 통장 이름도 지었습니다.

이제 초등학교 6학년이 된 큰아이는 용돈을 모아 주로 가족의 생일과 기념일에 사용하고요. 초등학교 2학년인 둘째 아이는 오롯이 '망치 상어' 인형을 사기 위해 용돈을 모으고 있습니다. 목적이 아주 뚜렷하지요. 수시로 아이들에게 입출금 내역을 보여 주고 이자가 붙는 것도 눈으로 확인하게 해요.

한번은 둘이서 할아버지 생신 케이크를 제작했는데요. 우선 제가 4만 원을 결제해 주고, 두 아이가 각각 자신의 통장에서 2만 원씩 빼달라고 요청했습니다. 언젠가는 마트에서 둘째 아이가 장난감을 사달라고 하길래, 제가 "아직 3만 원밖에 없어서 안 되겠는데. 2만 원은 더 모아야 살 수 있겠어"라고 말하자 떼쓰기를 멈추더라고요. 눈으로 직접 확인하고 나면 자기 돈을 얼마나 확실하게 관리하는지 몰라요. 모으기 좋아하는 첫째는 눈으로 모은 돈을 볼 수 있어 좋고, 쓰기 좋아하는 둘째는 경각심을 갖게 되더군요. 성향이 다른 아이들에게 모두 효과적인 경제교육 방법입니다. 혹시 용돈 기입장 작성에 계속 실패한다면, 꼭 활용해 보길 권합니다.

아이의 세뱃돈을 어떻게 관리해야 할까?

설 연휴가 끝나고 오랜만에 아이들이 모이는 날, 교실이 얼마나 소란스러운지 몰라요. 너는 얼마 받았냐, 나는 얼마 받았다며 한바탕 난리가 납니다. 역시 세뱃돈을 가장 많이 받은 아이가 으쓱하는데요.

초등학교 저학년의 세뱃돈 적정 금액(10대 응답자의 설문 결과)

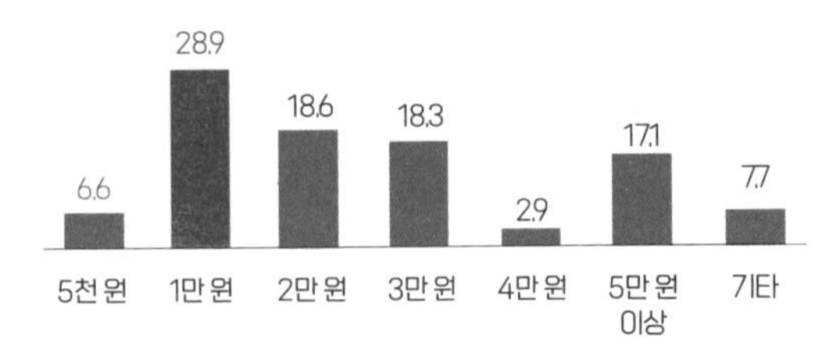

(단위: 원)

초등학교 저학년의 세뱃돈 적정 금액(성인 응답자의 설문 결과)

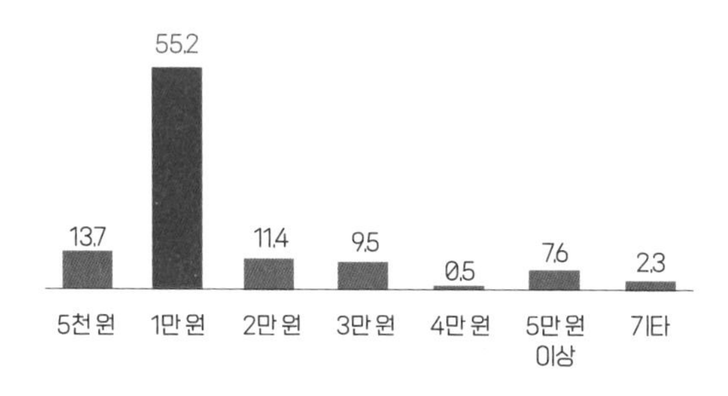

(단위: 원)

출처: 스쿨잼 네이버 포스트

한번은 세뱃돈으로 백만 원 넘게 받았다는 아이가 있어서 저 또한 무척 놀랐습니다. 특히 친척이 많거나 형제와 나이 차이가 크게 나는 늦둥이, 또는 아이가 없는 집의 외동인 경우에는 명절에 꽤 많은 용돈을 받더라고요.

지난 2021년 설 연휴 전에 초등학생과 성인 1,164명을 대상으로 세뱃돈은 얼마가 적당한지를 묻는 설문 조사가 있었습니다. 스쿨잼에서 진행한 '[하루설문]초등학생 저학년(1학년~3학년)~대학생의 세뱃돈은 얼마가 적당할까요?'라는 이 설문에서 성인 응답자의 55.2%가 초등학교 저학년(1~3학년) 적정 세뱃돈으로 1만 원을 택했습니다. 반면 적정 세뱃돈으로 1만 원을 택한 10대 응답자는 28.9%에 불과합니다. 한편, 응답자들이 답한 초등학교 저학년 세뱃돈 평균 금액은

성인의 경우 1만 6천 원, 10대의 경우 2만 6천 원으로 1만 원의 차이를 보였습니다.[3]

이렇듯 어른들과 아이들의 용돈에 대한 관점은 매우 다릅니다. 그래서 아이들은 자신의 기대보다 적은 금액을 받으면 그 자리에서 바로 실망감을 표현하기도 해요. 그런 모습을 본 조부모님은 아이가 벌써 돈을 밝힌다고 놀라기도 합니다. 이런 오해를 줄이기 위해서라도 아이에게 명절 용돈에 대해 미리 알려 줘야 해요.

용돈 개념이 없었던 과거에는 1년에 한 번, 설빔을 입고 맛있는 음식을 먹는 설날이 아이들이 용돈을 얻을 몇 안 되는 기회였습니다. 세뱃돈의 기원은 설날에 온 가족이 집안의 어른이 무사히 겨울을 넘기고 새해를 맞은 것을 기념하며 문안을 여쭐 겸 세배를 드리고, 이때 인사 온 이들에게 차례 음식을 건네며 덕담을 주고받은 데서 비롯되었습니다. 당연히 인사를 받는 어른이 금액을 정하는 것이 맞습니다. 그러므로 그 자리에서 다른 친척들과 세뱃돈을 비교하며 예의 없이 행동하지 않도록 가르칠 필요가 있어요.

다만, 여전히 아이들에게 천 원을 주는 어른들께도 안내가 필요합니다. 요즘은 천 원이면 과자 한 봉지도 못 사 먹잖아요. 우리나라 민간신앙에는 '집안의 재물을 지키는 신'을 뜻하는 '업신'이 있습니다. 우리 위 세대 어른들은 업신을 모시며 재물을 지키고자 노력했습니다. 흔히 알려져 있는, 남을 하찮게 여긴다는 뜻의 '업신'과 의미가 무척 다르지요. 업신의 뜻을 서로 매우 다르게 알고 있는 것처럼, 중간

세대는 위 세대와 아래 세대를 아울러 이해하면서 세대 간의 간격을 줄이는 역할을 해야 합니다.

이렇게 큰 금액의 세뱃돈을 정기 용돈과 합치면 아이는 혼란스러워합니다. 아이를 혼란스럽게 만드는 돈에는 세뱃돈뿐만 아니라 때때로 어른들에게서 받는 비정기적인 용돈도 포함됩니다. 자신이 그동안 계획하고 저축했던 것들이 무의미하게 느껴지거든요. 따라서 비정기적인 용돈은 철저하게 다른 통장으로 입금해야 합니다. 많은 아이가 부모님이 세뱃돈을 맡아 준다고 가져가 놓고는 돌려주지 않는다는 이야기를 합니다. 그러니 어른들께 용돈을 받으면 모으려 하지 않고 그 즉시 그동안 갖고 싶던 것들을 사려고 하는 거예요. 이런 식으로는 돈과 부모에 대한 신뢰를 함께 잃습니다. 아이의 세뱃돈을 모아 둘 통장 하나를 만들어서 거기에 투명하게 입금하고 그 자리에서 통장을 바로 보여 주세요. 이를 통해 아이는 저축의 즐거움과 부모에 대한 신뢰를 모두 잃지 않을 수 있습니다.

저는 어릴 때 돈으로 수학을 배웠습니다. 아버지께선 숫자 개념이 워낙 없던 저를 앉혀 놓고 상 위에 동전을 가득 펼쳐 놓은 채 5시간 동안 수학을 가르치셨어요. 엄마한테 늘 백 원만, 하던 저는 그날 십 원부터 백 원, 천 원, 만 원 단위까지 배웠습니다. 얼마나 제대로 계산하는 법을 배웠는지 이후로 더 이상 배울 필요가 없을 정도였어요.

그렇게 배우고 나니 돈 욕심이 생겼습니다.

언젠가 서울의 외가와 친가에서 설을 지내고 집에 돌아오는 길이 었어요. 평소 같았으면 엄마에게 세뱃돈을 맡겼을 텐데, 그땐 제 복주머니에 넣고 버스에 올랐습니다. 수를 배우고 나니 얼마나 큰돈인가 싶어 맡기기 싫지 뭐예요. 그렇게 한참 도로를 달리는 도중에 갑자기 돈이 얼마나 있는지 눈으로 확인하고 싶더라고요. 한복 복주머니에서 지폐를 꺼내 세기 시작하는데, 열린 창문으로 순식간에 돈이 날아가기 시작했습니다. 정말 눈 깜빡할 새에 가진 돈을 날리고 나니, 어차피 날아가 버릴 돈이란 생각에 욕심이 싹 사라지더라고요. 그때 돈과 함께 돈에 관한 제 관심도 날아갔는데, 그것이 성인이 되어 큰 문제가 될 줄은 몰랐습니다. 아, 몇 살인데 그런 생각을 했냐고요? 당시 여덟 살이었습니다. 지금 생각해 봐도 어처구니가 없네요.

다행히 부모가 되니 달라졌습니다. 저처럼 내 아이들이 돈을 날리는 경험을 하지 않도록 가르치고 싶었기 때문입니다. 아이들은 명절에 용돈을 받으면 제게 돈을 가지고 옵니다. 저는 이 돈을 받아서 아이들 청약 통장에 입금합니다. 이때 '2020 큰고모 세뱃돈', '2020 외할머니 용돈'처럼 추억할 수 있도록 기록을 남겨 둡니다.

이 돈들을 CMACash Management Accounts(자금종합계좌)에 넣고 은행에서 약간의 이자를 받거나 아이 명의로 주식과 펀드에 투자하라는 권유를 받기도 합니다. 알고 있습니다. 아는데 왜 청약 통장에 넣느냐 묻는다면, 솔직히 돈을 쉽게 뺄 수 없어서 그렇습니다. 금액이 높아질수록 제가 욕심이 날 것 같거든요. 십만 원이 백만 원, 천만 원이 되면 늘 빠듯한 생활비에 보태고 싶어질 것 같아서요.

저는 그렇습니다만, 아이 명의로 재투자를 해도 좋고 저처럼 저축으로 묶어 두어도 좋아요. 다만 무엇보다 중요한 것은 이러한 돈을 정기 용돈과 철저히 구별해야 한다는 것, 즉 아이가 오랜 기간 계획하는 것들에 혼란을 주어서는 안 된다는 것입니다. 큰돈임에도 뜻밖에 주어지면 흐지부지 쓰게 되어 아쉽기 마련인데, 우리 아이들은 그런 아쉬움을 느끼지 않았으면 해요.

아이들이 받은 명절 용돈은 부모가 마음대로 써도 되는 보너스가 아닙니다. 아이의 조부모가 그 누구보다 아끼는 손주에게 전하는 사랑입니다. 더 자주 보고 싶어도 혹여 부담될까 참고 참다가 전하는 마음이에요. 또한 세뱃돈은 외삼촌과 고모가 조카에게 보내는 애정이기도 합니다. 자기 가족 사느라 바쁜데도, 어차피 들어오면 나갈 돈인 것을 알면서도 챙기는 자그마한 정성이지요. 정기 용돈은 부모가 주는 돈으로도 충분합니다. 아이가 받는 명절 용돈, 비정기적인 용돈은 꼭 지켜 주세요. 훗날 아이가 커서 통장 내역을 보면 자신을 사랑해 준 가족들이 이렇게 많았다는 것을 보며 뿌듯할 겁니다. 돈이 남기는 기록을 사랑으로 만들어 주세요.

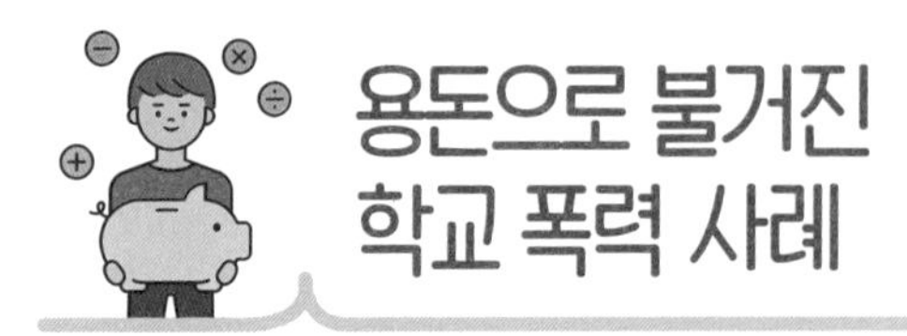

용돈으로 불거진 학교 폭력 사례

몇 해 전 학기 초에 있었던 일입니다. 학교 폭력 담당자로서 학교 폭력을 예방하기 위해 교육을 실시하고 여러 방면으로 노력하는 와중에도, 제 앞으로 안타까운 사연들이 접수되었습니다. 절친한 친구 사이였던 두 아이가 학교 폭력이라는 사안으로 피해 추정자와 가해 추정자로서 대치하게 된 것입니다.

민준(가명)과 수찬(가명)은 둘도 없는 친구 사이였습니다. 맞벌이 가정에서 사는 민준이는 학교 수업이 끝나면 부모가 퇴근할 때까지 학원에 다녔습니다. 민준이 부모는 아이가 학원 수업 중간에 배고플지도 모르고, 또한 퇴근이 늦어질 때를 대비하여 용돈을 넉넉히 챙겨 주었는데, 점점 그 금액이 늘어났습니다. 민준이 엄마는 '원래 아이들이 이 정도를 쓰는 게 맞나' 하는 의문이 들다가도 직접 간식을 챙겨 주지 못하는 죄책감에 점점 더 많은 용돈을 주게 되었어요. 가끔 학원이 휴강하거나 학기 초나 학기 말에 학교 수업이 한두 시간 일찍 끝날 때는 아이가 전화를 해 오는 통에 더욱 마음이 조급해졌습니다. 그렇게 민준이에게 늘 미안함이 컸는데, 민준이가 수찬이와 친해진 후로는 둘이서 놀이터나 수찬이 집에서 함께 놀면서 엄마에게 빨리 오라고 채근하는 게 없어졌어요. 민준이 엄마는 고마운 마음에 친구에게도 간식을 사 주라며 민준이에게 용돈을 더 얹어 주었습니다. 수찬이네 엄마가 집에 계시는 걸 보니 아이를 챙기는 집인 것 같아 안심도 되고 고맙기도 하고 부럽기도 한 마음이었어요.

수찬이는 전학을 온 아이였습니다. 원래 맞벌이를 하던 수찬이네 부모는 아이가 전학을 온 후로 학교에 잘 적응하지 못한다 생각하고, 또한 알레르기 때문에 가리는 음식이 많은 탓에 또래보다 몸집이 작아서 걱정이 많았습니다. 지금껏 육아를 잘하지 못한 것만 같아 결국 수찬이네 엄마가 일을 그만두었습니다. 새로운 환경을 제공하고자 학군이 좋은 곳으로 이사 왔는데, 아이가 외로이 지내던 어느 날 친한 친구가 생겼다고 합니다. 얼마나 고마운지 안도감에 눈물이 날 지경이었어요. "시간이 되면 친구를 집에 데려와서 놀아라. 엄마가 간식도 잘 챙겨 줄게" 했더니 친구를 데려오더라고요. 그게 민준이였습니다.

수찬이와 민준이는 민준이네서 자주 놀았어요. 아이들끼리 놀 때는 끼어들면 안 될 것 같아서 방문도 열지 않았고, 어디서 보니 자리를 비우는 게 좋다고 해서 밖으로 나가기도 했습니다. 사실 아이를 위해 그만둔 거라, 수찬이 엄마는 일하고 싶은 마음이 불쑥불쑥 올라온 적도 더러 있었습니다. 아이 식사를 챙기고 간식 만드는 것도 보통 일이 아니고요. 수찬이 엄마는 밖에서 일하는 민준이 엄마를 부러워했습니다.

그런데 이렇게 잘 어울리던 아이들이 학교 폭력 가해 추정자와 피해 추정자가 되어 마주 앉고 말았습니다. 대체 무슨 일이 일어난 건지, 양쪽 부모님 이야기를 들어봤습니다.

민준이네 부모님은 민준이가 어느 순간부터 용돈을 올려달라고 했다고 합니다. 일주일마다 2만 원씩 넉넉히 주었는데, 올려달라는 대로 해 주다 보니 어느새 일주일에 5만 원이 됐고 그조차도 중간중간 부족하다고 아이가 더 달라고 했다는 거예요. 주변에 아는 엄마도 없어 확인도 못 하고 아이가 원하니 주기 시작했는데, 알고 보니 그 돈을 수찬이가 뺐었다고 합니다.

수찬이는 늘 한 입만 달라며 민준이에게 간식을 얻어먹었고, 이런 저런 물건을 사달라고 했는데 점점 비싼 물건을 찾기 시작했습니다. 안 사 주면 삐지고 안 놀아 주니 민준이는 부모에게 보채 용돈을 받아 그 돈으로 사 줬대요. 둘은 방에서 놀 때마다 휴대폰으로 게임을 했는데, 수찬이의 게임 아이템도 전부 민준이가 사 줬다고 합니다. 수찬이 선물로 5만 원짜리 게임 아이템을 사 준 적도 있다고 하더군요. 이건 명백한 학교 폭력입니다. 이쯤 되니 민준이네 부모는 죄송하다고 전화 한 통 없는 수찬이네 부모에게도 화가 납니다. 아니, 외려 수찬이가 피해자라고 하니 적반하장도 유분수지 기가 찰 노릇입니다. 돈을 뺏긴 건 민준인데 어떻게 수찬이가 피해자라고 주장하는 건가요?

수찬이네 부모도 화가 났습니다. 아이들에게 좋은 간식을 만들어 주고 편하게 놀라고 자리도 비워 주었는데, 기껏 순진한 수찬이에게 민준이가 휴대폰 게임을 물들였다는 겁니다. 수찬이에게 별걸 다 보여 주었을 거라는 생각밖에 들지 않습니다. 안 그래도 아이 알레르기 때문에 몸에 좋은 음식 만드느라 힘들어 죽겠는데, 편의점에서 매일 인스턴트 덩어리를 사 줬다고 하니 민준이에게 더욱 화가 납니다.

그런데 이제 와서 수찬이가 한 입만 달라고 했고, 협박을 했다고요? 그 순하던 아이가 갑자기 거친 말을 쓰기 시작하고 게임에 빠져서 아이템 사겠다고 눈을 부라리는데, 그 나쁜 걸 다 알려 준 민준이가 학교 폭력 피해자라뇨. 수찬이네 부모는 이러한 생각 때문에 민준이네에 사과할 이유가 없으며, 오히려 자신들이 피해자라고 주장합니다.

부모들 이야기만 들으면 안 되겠죠? 아이들은 과연 어떻게 생각하는지 들어봤습니다.

민준이는 항상 바쁜 부모님이 싫습니다. 자신을 위해서라고 하지만 정작 필요할 때는 곁에 없으니까요. 그래서 늘 외로웠어요. 집에 가기도 싫고 학원 가기도 싫고 주변을 서성이다 보면 편의점에 가는 게 유일한 낙인데, 삼각김밥, 음료수, 컵라면만 사도 5천 원이에요. 부모님이 주시는 용돈은 늘 부족해요.

집에 들어가지 않아도 와이파이만 있으면 어디서든 게임을 할 수 있어요. 5학년이어도 혼자 집에 있는 건 무섭거든요. 게임을 좀 더 잘하고 싶은데 현질을 하지 않으면 그럴 수가 없습니다. 무기가 다른데 어떻게 이겨요. 부모님께 애교를 부려서 현질에 쓸 용돈을 얻었어요. 때마침 주말에 오신 할머니가 용돈도 넉넉히 주셨고요. 부모님은 자신이 무섭다고 전화하는 것보다 혼자 게임이라도 하고 있으면 더 좋아하시는 거 같았어요.

그러다가 수찬이랑 친해지면서 외롭지 않았어요. 원래는 수찬이가 군것질하면 엄마에게 혼난다고 해서 편의점에서 산 걸 반씩 나누어 먹었는데요, 수찬이도 집에서 먹는 것보다 이게 훨씬 맛있다고 너무 좋대요. 같이 사 먹어야 하는데, 수찬이는 집에서 용돈을 안 받는대요. 필요한 거 다 사 주고 집에서 엄마가 맨날 먹여 주는데 무슨 용돈이 필요하냐고 하셨대요. 그래서 저한테 매일 한 입만 달라고 졸랐어요. 그리고 수찬이에게 게임 아이템이 꼭 필요한데 수찬이네 집에서는 용돈도 안 주고 사 주지도 않으니까 제가 가진 돈으로 선물한 거예요.

수찬이는 하루 종일 같이 있는 엄마가 부담스럽습니다. 5학년이 돼서 이제 혼자 이것저것 해 보려고 하는데, 갑자기 엄마가 일을 그만두고 같이 있으시겠대요. 챙겨 주시는 건 좋은데, 건강에 좋다는 밥과 간식은 맛없어서 먹기 싫어요. 계란 알레르기 때문이라고 하는데 저도 빵도 먹고 싶고 과자도 먹고 싶거든요. 그런데 하나도 못 먹게 하셔서 어느 순간은 화가 나요. 몰래 사 먹고 싶은데 용돈은 주지 않으면서 필요 없는 학용품만 계속 사 주시고… 어차피 학교 앞에서 공짜로 주는데 말이죠. 괜히 말하면 속상하실 것 같아서 말하지 않기로 했습니다. 그냥 민준이에게 얻어먹으면 되지요, 뭐.

민준이와 수찬이는 어른들이 생각하는 것처럼 그렇게 계획적이고 조직적으로 서로를 괴롭히지 않았습니다. 용돈이 풍족한 아이가 용돈을 안 받는 아이에게 물건을 사 주기 시작했고, 횟수가 잦아지면서 어른들이 혼내기 시작하니까 혼나기 싫어서 서로의 핑계를 댄 것뿐이에요. 그러기 전에 부모가 아이 용돈에 대해 개입했다면 얼마나 좋았을까요.

민준이와 수찬이처럼 아이들끼리 잘 지내는 경우에는, 부모 또한 서로 연락을 주고받는 것이 좋습니다. 아이들끼리 잘 지내는데 참 고

맙다, 나는 애 키우면서 우리 아이에게 이런 점이 미안하더라, 아이랑 주로 어떻게 지내냐, 혹시 용돈은 얼마나 주느냐, 이렇듯 대화를 통해 조금만 조율했더라면 서로를 비난하며 학교 폭력이라는 힘든 일을 겪지 않았을 것입니다.

아이들은 겁이 납니다. 간신히 마음 맞는 친구를 만나 정말 즐거웠는데, 엄마는 화를 내고 아빠는 변호사를 선임하겠다고 하니까요. 정말로 친구를 잃은 것 같습니다. 아이들은 이제 화해하고 다시 잘 지내고 싶은데 가능할지 모르겠습니다. 교실에서 매일 만나고 쉬는 시간에 같이 놀고 싶은데 그러면 안 될 것 같아요(실제로 변호사 선임 후에도 학교 폭력 피해 추정, 가해 추정 아이들은 쉬는 시간, 점심시간에 같이 놀기도 합니다).

그렇다면 수찬이와 민준이는 어떻게 되었을까요? 정말 변호사까지 선임하면서 학교 폭력을 마무리하였을까요? 이 사안은 가장 경미한 서면 사과로 마무리되었습니다. 두 아이 모두 서로가 소중한 친구라고 이야기했고, 양쪽 부모도 처벌을 원하지 않았기 때문입니다. 실제로 편의점에 찍힌 CCTV에서도 아이들은 즐거워하며 컵라면을 나누어 먹고 있었습니다. 해프닝으로 마무리되어 얼마나 다행인지 모릅니다.

정말로 처벌이 필요하고 교육이 필요한 아이라면, 학교폭력자치위원회 회의를 통해 조치 사항을 내리고 더 나쁜 아이가 되기 전에 예방하는 것이 맞습니다. 저 역시 학교 폭력을 담당하면서 이러한 문제들로 학교폭력예방지도사라는 자격증을 취득하기도 했으니까요. 그런데 용돈 하나 때문에 벌어진 이 사연을 떠올리면 아직도 마음이 씁쓸합니다. 아이에게 얼마큼의 용돈이 필요한지 알아내서 그에 맞는 용돈을 주고, 이후 용돈 관리 방법을 가르치는 것만으로도 이런 학교 폭력을 예방할 수 있습니다.

또한 이런 문제가 일어나지 않도록 아이의 용돈 기입장(현금 흐름표)을 일주일 또는 월별로 확인하여 아이의 씀씀이를 확인할 필요가 있습니다. 아이가 나이에 비해 너무 큰 금액을 사용한 경우에는 주의를 주고, 필요한 곳에 사용했는지를 점검할 수 있지요. 돈에 대해서는 가족 간의 대화와 끊임없는 경제교육이 정말 중요합니다. 그저 알아서 쓰겠거니 하고 여기면 수찬이와 민준이처럼 해프닝으로 끝나지 않고 친구 사이에 돈을 뺏는 등 심각한 학교 폭력으로 커질 수 있습니다. 따라서 문제가 생기기 전에 부모가 눈치채서 적절히 개입할 수 있어야 합니다.

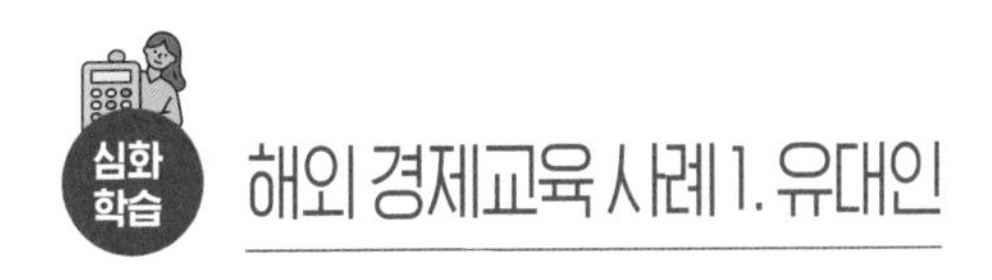

해외 경제교육 사례 1. 유대인

세계 곳곳에서 금융, IT, 영화, 언론, 의료, 법률, 컨설팅업까지 막대한 영향력을 끼치는 민족이 있습니다. 바로 유대인입니다. 이들은 탈무드를 통해 지혜와 믿음을 전달하며, 학생들끼리 짝을 지어 서로 질문하고 논쟁하는 '하브루타' 학습법으로 다음 세대를 교육합니다.
탈무드에는 '어린 자녀에게 장사를 가르치지 않는 것은 자녀를 도둑으로 키우는 것'이라는 가르침이 있습니다. 그만큼 어려서부터 돈에 대해 긍정적인 관점을 갖고 돈의 노예가 아닌 돈의 주인으로 사는 법을 가르치는 데 애씁니다.
유대인이 돈을 버는 목적은 오로지 자신만을 위해서가 아닙니다. 자신의 민족과 공동체에 헌신하기 위해 돈을 벌고, 수입의 3분의 1을 기부금으로 준비한다고 합니다. 이들은 자녀가 어려서부터 시간과 숫자에 민감하게 반응하도록 가르치고, 타당한 이유 없이 용돈을 주지 않습니다. 아이가 작성한 용돈 기입장을 보며 물가의 오르내림과 지출 내역에 대해 통찰하게 하며 계획과 실제 지출의 차이가 어디에서 발생했는지 끊임없이 의견을 나눈다고 해요.

마이크로소프트의 빌 게이츠, 세계적인 투자 전문가 워런 버핏, 아마존의 제프 베이조스, 페이스북의 마크 저커버그, 구글의 래리 페이지, 델 컴퓨터의 마이클 델 등 수많은 세계적인 기업의 설립자 중에는 유대인 비율이 유독 높습니다. 저는 이 바탕에 어린 시절부터 받은 돈 교육이 있다고 생각합니다.
우리나라는 평균 지능지수도, 국제성취도평가PISA도 유대인보다 더 높습니다. 교육 환경도, 교육에 대한 관심도도 결코 뒤지지 않습니다. 그런 우리가 단 하나 놓치고 있는 것이 바로 조기 경제교육입니다. 일상에서 일어나는 변화를 경제, 지혜와 결합하여 아이와 이야기를 나누고 통찰력을 키워 주세요. 거창한 주제가 아니어도 됩니다. '왜 비가 많이 오면 채솟값이 오를까?' 같은 질문과 토론을 통해 자연스럽게 경제에 관심을 갖고 경제 구조를 익히게 하자고요.

유대인의 성년식

13세가 되면 율법의 아들, 딸이라는 바르 미츠바, 바트 미츠바로 불리는 성년 의식을 치름. 아이는 토라(성경)를 달달 외우고 가족 및 친지가 일생에서의 가장 의미 있고 성대한 행사를 준비해 줌. 성년식에서 아이들은 대개 세 가지의 선물, 즉 성경책, 손목시계, 축의금을 받음. 축의금의 경우 참석자 각각 약 20만 원 정도를 부조하며 이때 보통 3천만 원에서 5천만 원의 돈이 모임. 부모는 이 돈을 예금이나 채권 구입을 통해 보관하다가, 아이가 독립하는 18세 이후 종잣돈으로 돌려줌. 이는 사회생활을 시작하자마자 먹고살기 위해 돈을 벌어야 하는 중압감에서 벗어나 창업 등의 다양한 진로를 모색할 수 있다는 점에서 의의가 있음.

친구들이 아이 용돈을 탐낸다면

Q 친구들이 아이의 용돈을 노리는 것 같아요.

A 아이고… 정말 속상하셨을 것 같아요. 혹시 아이가 용돈을 뺏기지는 않았나요? 그런 경우는 금품 갈취에 해당하여 학교 폭력 사안으로도 볼 수 있으니 반드시 확인해야 해요. 지금 말씀하시는 건 친구들이 자녀에게 계속해서 먹을 것을 사달라고 하거나 자녀가 더 많은 돈을 일방적으로 쓰는 경우인 것 같은데 맞나요?

Q 네, 맞아요. 선생님. 제 아이만 돈을 쓰고 있는 것 같아요.

A 사실, 액수에 상관없이 일방적으로 주고만 있다면 확인해 봐야 해요. 우선, 아이를 혼내거나 겁주지 말고 얼만큼의 돈을 몇 번에 걸쳐 사용했는지 알아보세요. 친구를 만나러 갔는데 그 친구는 돈을 가지고 오지 않는 경우가 있어요. 한두 번이라면 그럴 수 있다 생각하고 대신 사 줄 수도 있겠지만, 자주 그러면 이러한 관계가 굳어질 수 있거든요. 그래서 아이들이 친구를 만나러 갈 땐 사전에 비용을 정해 놓고 만나는 게 좋아요.

초등학교 저학년의 경우는 알아서 사 먹으라고 돈을 주는 것보다는 간단한 간식을 직접 챙겨서 친구와 나눠 먹으라고 건네주는 게 훨씬 나아요. 이 나잇대 아이들은 나누는 경험을 해 보는 게 더 중요하거든요. 초등학교 3학년부터는 친구와 약속할 때 "내가 천 원 갖고 갈게. 너도 천 원 가지고 와" 정도로 맞출 수 있어야 해요. 간혹 "내가 이번에 샀으니까 네가 나한테 천 원 빚진 거야, 나중에 갚아" 이런 식으로 말하는 아이들이 있는데, 이것보다는 "내가 이번에 샀으니까 다음엔 네가 사 줘"라고 말하는 게 좋고요.
고학년부터는 PC방이나 코인 노래방 등 이용할 때 비용이 발생하는 곳에 놀러 가는 경우를 특히 주목해야 합니다. 그 외에 쓰는 돈의 액수가 커지는 경우도 눈여겨보아야 합니다. 또한 철저히 아이들이 돈을 나누어 낼 수 있도록 사전에 가르쳐야 해요.
그리고 이런 경우도 살펴보아야 합니다. 아이들이 물건을 주고받다 벌어지는 경우입니다. 예를 들면, 친구가 원하지 않아도 자기 것을 주려고만 하는 아이들이 있어요. 그게 어릴 때는 스티커나 딱지였다가 커서는 돈이 되기도 하지요. 이런 아이들은 뭔가를 주고받으며 교감하는 친구 관계가 형성되지 못한 경우가 많아요. 자기 물건을 주면서라도 관심이 쏠리는 그 순간을 기다리는 거예요. 이런 관계는 오래가지 못합니다. 결국, 물질로 인해 외로움을 다시 느끼게 되거든요. 이게 반복되면 초등학교 고학년이 되고 나서 친구에게 환심을 사거나 친구의 기를 죽이려는 요량으로 돈을 쓰는 경우가 생깁니다. 이는 서로에게 좋지 않을뿐더러 간혹 학교 폭력으로 이어질 위험도 있어요.
따라서 가장 좋은 건 친구를 만날 때 돈 대신 함께 나누어 먹을 간식을 가져가는 거예요. 간식 외에 함께 노는 데 돈이 필요한 곳, 예를 들어 PC방에 간다면 각자 자신이 쓸 돈을 챙겨 가도록 하고요. 만약에 같이 놀 친구가 돈을 가지고 나오지 않았다면, PC방이 아니라 돈이 안 드는 놀이터에서 놀게 해야 해요. 아이가 돈을 대신 내주거나 반대로 늘 얻어먹기만 하면서 PC방을 전전하면, 아이는 성장하면서 더 큰 문제를 일으킬 수 있어요.

Chapter

3

용돈 저축과 관리를 통한 금융 경험 쌓기

저금리 시대에도 저축을 가르쳐야 하는 이유

지금으로부터 50년 전, 즉 1971년 서울신탁은행(현 하나은행) 예금금리는 25.2%였습니다. 당시 1천만 원을 저축했다면 연간 252만 원을 이자로 받은 셈입니다. 당시에는 저축만 잘해도 부자가 될 수 있었습니다. 이 시기 저축의 힘을 몸소 느낀 우리 부모 세대가 우리에게 계속 저축을 강조하는 이유이기도 해요.

요즘은 어떤가요? 2021년 7월 현재 한국은행 기준금리는 0.5%로 역대 최저입니다. 1천만 원을 저축하면 연간 5만 원을 이자로 받습니다. 2020년 초 하나은행에서 5% 적금을 출시했을 때는 오전부터 늘어선 대기 행렬이 화제를 모으며 뉴스에 등장하기까지 했습니다. 이례적인 고금리 상품이었기 때문입니다. 더 이상 저축만으로는 부자가 되기 힘듭니다. 물가상승률보다 예금금리가 낮아서 모으기만 하면 사실상 손해를 보는 세상이에요.

그럼에도 우리가 아이들에게 저축을 가르쳐야 하는 이유는 뭘까요? 간단합니다. 저축이라는 습관을 갖게 하기 위해서입니다. 필요한 물건이 생기면 일단 사고 나중에 갚아 나가는 카드 할부 같은 소비 방식에 맛 들이지 않도록 가르치기 위함입니다. 요즘처럼 모방 소비가 많이 일어나는 시기에 카드 할부는 특히나 위험한 소비 습관입니다. 따라서 갖고 싶은 물건이 생기면, 일단 돈을 모으는 인내력을 길러 줘야 해요. 저축으로 형성된 아이의 습관은 미래를 대비하는 계획이자 동시에 자기관리 기술이 됩니다.

이것이 아무리 금리가 낮아도 우리가 아이에게 저축을 가르쳐야 하는 이유입니다. 또한 모든 경제생활은 돈을 모으는 것에서 출발합니다. 투자를 하고 싶다면 종잣돈부터 모아야 하는 것처럼요. 모아 놓은 돈 없이 투자를 시작한 사람과 보유한 현금으로 투자를 한 사람은 버티는 힘 자체가 다릅니다. 소비를 할 때도 마찬가지지요. 5천만 원짜리 차를 전액 할부로 사는 사람과 3천만 원이라도 모아 둔 돈을 선지급한 후 나머지를 할부로 사는 사람의 삶의 질은 다를 수밖에 없습니다. 저축은 만약을 대비하고, 위험이 닥쳐도 흔들리지 않게 붙들어 주는 귀중한 자산입니다.

미국의 한 재벌가는 아이에게 3개의 저금통을 준다고 합니다. 저금통을 달러, 위안화, 엔화로 구분하여 아이가 어릴 적부터 세계 돈의 흐름을 이해하며 자라도록 신경 씁니다. 재벌임에도 아이가 갖고 싶은 것은 스스로 돈을 모아서 사도록 합니다. 이 재벌가에서 아이에게 주고자 하는 것은 돈 그 자체가 아니라 저축을 통한 습관과 태도입니다.

이제는 돈이 그저 '통장에 찍힌 숫자' 같다는 생각이 들 때가 많습니다. 내 손을 거치지 않아도 입출금이 되고, 출금해서 손에 쥐지 않는 한 숫자로만 확인할 수 있으니까요. 그래도 우리 세대는 동전과 지폐를 만지고 거스름돈을 받아 저금통에 넣었던 경험이 있어서 돈이 어떤 것인지는 알고 있습니다. 아이들은 보고도 전화기인지 알지 못하는 옛 전화기에 수화기와 숫자 버튼이 있다는 걸 기억하는 것처럼 말이죠. 더 늦기 전에 우리 아이들이 동전과 지폐를 직접 만지고 저축하는 경험을 쌓도록 도와주세요. '짤그랑 한 푼, 짤그랑 두 푼'을 아이가 직접 경험하고 느낄 수 있도록요.

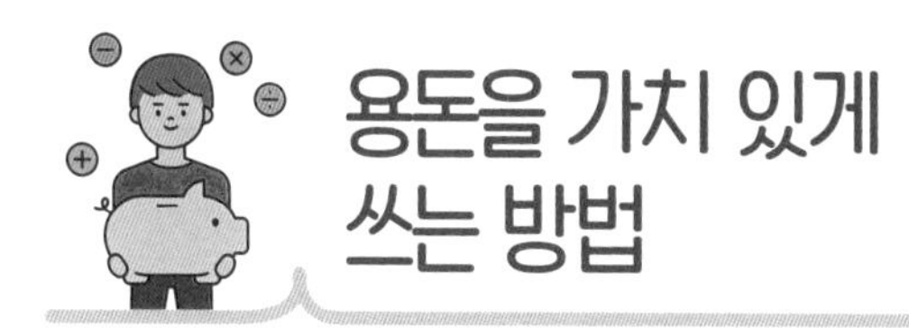

용돈을 가치 있게 쓰는 방법

아이가 스스로 판단하여 돈을 알맞게 쓰고, 나아가 저축과 소비를 계획하도록 유도하는 것이 우리가 아이에게 용돈을 주는 목표입니다. 아마 아이가 용돈을 받는 대로 무의미하게 써 버린다면, 용돈을 주기 싫어질 거예요. 자, 여기서 부모가 생각하는 '무의미'에는 어떤 것들이 있을까요?

제가 어릴 때 이야기입니다. 저는 엄마가 손님과 대화를 나눌 때 용돈을 받아내기 가장 좋다는 것을 눈치챈 이후, 그때마다 "엄마, 백 원만!"을 외치는 아이였어요. 손님과 대화를 나누어야 하는 엄마는 제게 얼른 백 원을 주셨고, 저는 그 백 원으로 곧장 슈퍼에 가서 풍선껌을 샀습니다. 껌을 조금 씹다 보면 달콤하고 말랑말랑하기까지 한 순간이 있는데, 그걸 그렇게 못 참고 계속 삼켰어요. 백 원짜리 껌 한

통을 늘 그렇게 먹어치웠습니다.

그러던 어느 날, 제게 2천 원이라는 거금이 생겼습니다. 저는 그 돈으로 하나에 십 원짜리 껌이 잔뜩 들어 있는 박스 껌을 샀습니다. 집에 와서 씹고 삼키기를 수십 번 반복하며 행복했죠. 하지만 얼마 못 가 숨 쉬기 힘들 정도로 속이 거북해졌습니다. 배 속부터 목구멍까지 껌이 붙은 것 같은 불쾌한 느낌에 너무 괴로운 나머지, '저를 살려만 주신다면 이제부터 껌 삼키는 데 돈을 쓰지 않을게요' 하는 간절한 기도까지 했습니다. 아직도 생생한 이날이 제가 용돈을 무의미하게 써 버린 대표적인 기억이에요. 이 강렬한 기억 탓에 저는 몸에 좋지 않은 원료로 만든 군것질거리에 돈을 쓰는 게 가장 아깝습니다.

아이가 목구멍 끝까지 껌이 붙은 듯한 경험을 하지 않고도 용돈을 가치 있게 쓰도록 하려면, "백 원만, 백 원만" 하고 조르도록 만들어서는 안 됩니다. 즉, 정기적인 용돈이 주어져야 한다는 뜻입니다.

미국의 대부호인 록펠러 가문에서는 아이에게 정기적으로 용돈을 주면서 그 사용 내역을 금전출납부처럼 정확하게 적도록 요구합니다. 용돈을 어디에 썼는지가 얼마를 썼는지 만큼 중요하기 때문입니다. 마찬가지로 우리 아이들도 어떤 것에 용돈을 많이 쓰는지 점검해야 합니다. 만약 아이가 군것질을 너무 좋아하면 어떡해야 할까요? 가뜩이나 요즘은 물가가 비싸서 아이들이 간식 몇 개만 사 먹어도 용돈이 금방 동나는데 말이죠.

이런 상황을 예방하려면 아이에게 용돈을 줄 때 용돈 사용처도 함께 구분해 주면 좋습니다. 예를 들어, 몸에 좋지 않은 간식거리나 만듦새가 형편없는 자잘한 장난감 등 건강과 관련한 것들에는 제한을 두세요. 일주일에 한 번, 한 달에 한 번처럼 횟수를 정하는 겁니다. 간식을 먹고 싶다면 돈을 모아서 좀 더 좋은 것을 사 먹도록 하고, 장난감을 사고 싶다면 오랫동안 가지고 놀 수 있는 것들을 사도록 해야 합니다. 같은 돈으로 더 가치 있는 경험을 할 수 있도록 충분한 대화로 아이를 설득하고, 적극적으로 도와주세요.

어려서부터 소비 대상을 통제하는 능력이 생기면 성인이 되어서도 걱정할 게 없습니다. 하지만 어렸을 때부터 훈련이 되지 않은 채로 사회 초년생이 되면, 갑자기 들어온 큰돈을 통제하기 어렵습니다. 기부는커녕 월급을 가치 있게 사용하지 못한 채 카드값에 허덕이기 십상이에요.

아이들이 용돈으로 만 원이 적다고 한다면, 우리나라 2021년 최저시급이 8,720원인 것을 알려 주세요. 언니 오빠들이 최저시급을 받으며 생활비와 등록금, 저축까지 하려고 열심히 살고 있다는 것도 알아야 합니다. 노동의 가치를 알고 돈의 가치를 깨달으면, 아이도 용돈을 함부로 쓰기 어려워합니다. 자신의 용돈을 계획적으로 관리하고 사용하는 방법을 배우면서 아이가 즐거움을 느낄 수 있도록 도와주세요.

더 나아가 자신의 용돈으로 다른 이에게 도움을 주면서 이로 인해 행복감을 느낀다면, 아이가 스스로를 가치 있는 사람이라고 여길 것입니다. 용돈 관리는 자존감을 형성하는 데에도 훌륭한 방법이랍니다.

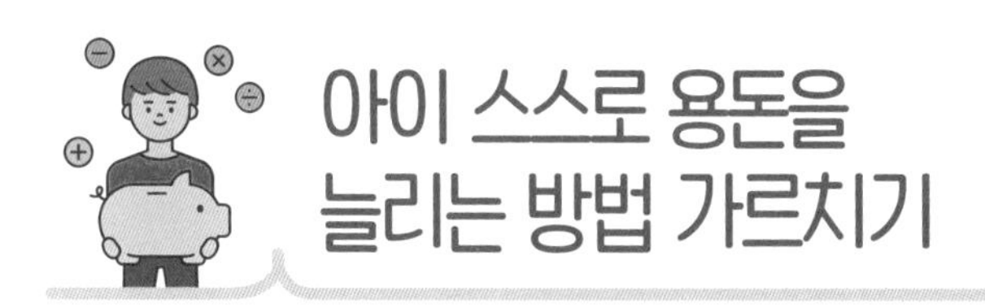

아이 스스로 용돈을 늘리는 방법 가르치기

미국에서 여름이 왔다고 느낄 때가 거리에서 '레모네이드 스탠드'가 보일 때라고 합니다. 레모네이드 스탠드는 아이들이 용돈 벌이를 목적으로 직접 레모네이드를 만들어 길에서 판매하는 것을 일컫습니다. 주말에 레모네이드를 팔아서 번 돈으로 집안 사정이 어려운 친구

출처: © Pixabay[1]

를 돕기도 하고, 한 달 프로젝트로 기획하여 부모님의 병원비에 사용하는 아이들도 있습니다. 그 의미를 아는 어른들은 아이들의 레모네이드를 거금을 주고 사 먹습니다. 기부금을 물품 구매의 대가로 지불하는 형태로, 아이들의 자립도를 높이는 긍정적인 효과가 있습니다.

좀 더 경제적인 관점에서 이야기하자면, 아이들은 레모네이드 스탠드에서 판매 계획, 재료 구입, 적정 판매가 설정, 판매 활동을 하며 생산 과정의 일반을 배웁니다. 기업의 한 과정을 간접적으로 경험하는 것이지요. 물론 시행착오를 겪으며 수익률을 재설정하고, 마케팅을 펼치고, 적절한 서비스를 제공하는 방법도 배웁니다. 마지막으로 수익금을 기부로 의미 있게 사용하면서 돈의 선순환을 경험합니다.

레모네이드 스탠드와 같은 기회가 주어지면 아이들은 기업가로서의 능력을 마음껏 발휘합니다. 하지만 아쉽게도 우리는 아이들을 학업능력으로 평가합니다. 그러다 보니 이른바 '공부 머리'가 없는 아이는 늘 공부만 시키는 학교와 학원이 지겹기만 느껴질 수밖에요.

이런 아이가 교실에서 새로운 자극을 받으면 확 달라지곤 해요. 실제로 교실에서 물물교환이나 시장놀이를 할 때가 있는데, 이때 수업 시간에 소극적이던 아이가 적극적으로 물건을 판매하고 즐기는 모습을 종종 목격합니다. 마음속으로 그 아이의 미래를 떠올리면 얼마나 흐뭇한지 모릅니다. 요즘 우리나라에서도 아이들이 함께하는 '레모네이드 데이'를 시도하는 곳들이 생겨나고 있으니 반가운 일입니다.

우리는 아이들에게 스스로 용돈을 늘려 갈 기회를 제공해야 합니다. 저는 그 방법으로 보상과 칭찬을 이용합니다. 보상은 '아이가 직접 한 일'의 수고를 용돈으로 지급하는 것으로, 가장 대표적으로 아이가 집안일을 도왔을 때 용돈을 챙겨 주는 경우를 꼽을 수 있어요. 외국에서는 아이가 잔디를 깎거나 눈을 쓸거나 차고를 청소하면, 그에 따라 철저하게 노동에 따른 대가를 지불합니다.

그에 반해 우리는 집안일의 대부분을 엄마가 일임하지요. 문제는 고된 집안일로 문득 밀려오는 피로감과 짜증이 고스란히 아이에게 간다는 것입니다. 그러기 전에 아이와 집안일을 분담하는 것을 추천합니다. 초등학교 저학년 정도면 신발장 정리와 빨래 개기를 할 수 있어요. 초등학교 고학년이면 설거지, 심부름, 청소기 돌리기, 실내화 빨기, 분리수거 등 가능한 일이 늘어납니다(참고로 저는 뜨거운 국을 나르는 일이나 다림질은 시키지 않습니다. 혹시라도 큰 사고가 일어날지 모르니까요).

아이와 사전에 집안일에 대한 보상 금액을 결정하고, 집안일이 끝나면 정산해서 용돈으로 제공합니다. 이때 나중에 준다며 미루거나, 깔끔하게 못했으니 안 주겠다는 식으로 아이와 다투지 마세요. 가장 좋은 방법은 엄마가 원하는 최소한의 수준을 아이에게 미리 제시하는 것입니다. "양말 잘 접어놔"라고 말하면 아이는 그게 어떤 수준인지 알지 못하잖아요. 양말을 접는 방법과 가족별 보관 장소까지 세세하게 알려 줘야 합니다. 집안일을 매뉴얼화해서 사진으로 보여 주면 잔소리가 훨씬 줄어들어요.

실제로 교실에서 청소할 때도 '5분 청소'라고 해서 어디를 어떻게 어떤 순서로 자리마다 청소해야 하는지 상세한 사진으로 보여 줍니다. 아이가 집안일을 도운 것에 대해 보상할 때는 그때마다 집 안에 비치해 둔 동전을 주는 방법이 있습니다. 혹은 바로바로 스티커를 제공한 후에 일주일 단위로 스티커 개수만큼 용돈을 주는 것도 좋은 방법입니다. 이렇게 하면 아이가 노동을 통해 용돈을 늘릴 수 있다는 것을 알게 됩니다.

다음으로는 칭찬을 이용한 용돈 늘리기입니다. 간혹 아이가 학교에서 100점을 받거나 모두 '매우 잘함'을 받은 경우에 용돈을 주는 가정도 있어요. 상장을 받으면 상장마다 일정 금액으로 쳐서 주는 집도 있습니다. 이 보상 방법에 대해서는 의견이 분분합니다. 아이가 내적 성장을 이루기도 전에 외적 보상에 길들어 진심으로 열심히 하고자 하지 않는다는 지적입니다. 실제로 이 방법이 잘 통하는 아이들이 있고, 반대로 내적 동기가 높아서 굳이 이런 방법이 필요 없는 아이도 있습니다.

따라서 저는 아이에게 맞춰서 진행하는 것이 옳다고 봅니다. 스스로 공부의 참맛을 깨우치는 아이가 몇이나 있겠어요. 아이에게 제공하는 보상 방식을 일단 다양하게 진행해 보고 그중에서 가장 적합한 것을 찾으면 됩니다. 제 경우에는 아이가 '매우 잘함'이나 상장을 받은 날이나, 피아노 수업에서 체르니 다음 장으로 넘어간 날, 영어 레벨이 오른 날에는 칭찬을 쏟아붓고 '치킨 데이'를 가져요. 사실 이날이 아니어도 치킨을 사 줄 수 있지만, 일부러 더 기념하듯이 치킨 데이라고 이름 붙이고 기억에 남도록 만듭니다.

그 외에도 저는 아이가 문제집을 혼자서 다 풀면, 문제집 가격만큼을 보상으로 줍니다. 아이가 학습 진도를 훌쩍 뛰어넘어서 해당 기간만큼 학원비를 아꼈을 때도 돈으로 보상을 해요. 후자의 경우엔 워낙 액수가 커서 개인 용돈으로 주지 않고 아이 청약 통장이나 주식 통장에 넣는데, 그때마다 아이와 공유합니다. "이건 네가 번 돈이야. 어차피 엄마는 이 돈을 써야 했던 건데, 네가 열심히 해서 번 것이니 너에게 넣어 줄게"라고 하면서요. 아이들이 얼마나 좋아하는지 몰라요.

마지막 방법은 아이가 만든 콘텐츠를 부모가 사는 경우입니다. 예를 들어, 아이가 악기나 피아노로 한 연주 녹음 음원을 제가 벨소리로 사용하면서 사용료로 천 원을 지불합니다. 아이들은 제 전화벨이 울릴 때마다 직접 작곡한 곡을 듣는 것처럼 즐거워하고, 더 열심히 연습을 해요. 생일날에도 용돈을 벌 수 있습니다. 생일 선물 액수를 3만 원부터 5만 원까지로 정해 놓고, 아이가 뭘 사든지 관계없이 해당 금액을 줍니다. 그러면 당장 갖고 싶은 게 없는 경우에는 우선 저축을 하고 용돈을 늘리면서 자신이 필요한 걸 사고자 계획하더라고요.

이처럼 다양한 보상과 칭찬을 통해 아이 스스로 용돈을 늘려 갈 기회를 제공할 수 있습니다. 쓰지 않는 물건이나 책을 정리해서 알뜰 바자회나 중고거래 사이트에 팔아서 용돈을 벌 수도 있어요. 아이가 다양한 방법으로 용돈을 늘릴 수 있다는 것을 알게 하는 것이 중요합니다. 그러면 아이가 자립심을 갖고 생산적인 일을 하려고 노력하며, 동시에 노동의 중요함과 부모님이 땀 흘려 번 돈의 소중함을 알 수 있게 됩니다.

아이의 은행 계좌 개설과 관리 방법

아이의 은행 계좌를 개설할 때는 법정 대리인인 부모가 서류를 챙겨야 해요. 대개 부모의 통장을 대신 쓰기도 하지만, 웬만하면 아이 이름으로 된 통장을 만드는 쪽을 추천합니다. 자기 이름이 새겨진 통장이 있으면 아이가 은행에 친근감을 느끼고 뿌듯해하거든요. 실제로 교실에서 "선생님, 제 통장에 얼마 있어요"라고 자랑스럽게 이야기하는 아이들도 꽤 있답니다. 명절에 받은 용돈을 자랑하듯 자기들끼리 통장에 얼마 있다고 대화하기도 해요. 돈에 대한 책임감도 쌓이고 더 모으고 싶다는 생각도 하는 것 같더라고요.

《여자의 습관》의 정은길 작가는 중학교 시절 처음 본 은행에서 계좌를 개설했다고 합니다. 이후 부모님께서 계좌로 용돈을 입금해 주기 시작했고, 자연스럽게 돈 관리의 기초를 닦을 수 있었다고 해요.

돈을 입금하고 찾는 순간에도 고민했는데 자신만의 '완벽한 숫자'를 깨고 싶지 않아서였다고 합니다. 바로 10만 원, 20만 원, 이렇게 0으로 떨어지도록 노력하면서 자연스럽게 절약하기 시작했고, 계좌 숫자가 나날이 커 가는 즐거움을 누렸습니다.[2] 우리 아이들도 이렇게 완벽한 숫자의 즐거움을 느끼게 하는 것은 어떨까요?

만 14세 미만 자녀의 은행 계좌를 개설하려면 부모가 한 번쯤 시간을 내야 합니다. 자녀 계좌를 처음 개설할 때는 아이의 경험을 쌓을 겸 함께하길 추천해요. 혹시 아이와 함께 못 가는 경우에는 관계를 증명하는 서류를 챙겨야 합니다. 간 김에 주식 계좌, 청약 통장, 인터넷 뱅킹까지 개설하면 더더욱 좋아요.

필요한 서류는 주민등록번호가 나온 가족관계증명서 또는 주민등록등본, 아이 앞으로 뗀 상세 기본증명서, 자녀 명의 도장, 부모의 신분증 등이 있습니다. 근처 행정복지센터에서 수수료를 내고 발급해도 되지만, 민원24와 대법원 전자가족관계등록시스템을 이용하면 수수료 없이 발급이 가능합니다. 아이의 첫 도장은 너무 작은 목도장보다는 앞으로 성인이 되어서도 사용할 만한 것이 좋습니다. 인감을 미리 만든다는 생각으로 3만 원에서 5만 원 사이의 좋은 도장을 만들어도 좋아요. 제 경우에는 아이의 탯줄로 탯줄 도장을 만들어 줬는데, 아이들이 의미 있게 받아들이더라고요.

초등아이 둘의 통장 모음

은행에서 계좌를 개설할 때는 인터넷 뱅킹도 함께 신청하고, 공인인증서도 발급받으세요. 공인인증서가 있어야 언제든지 아이 계좌를 열어 거래 내역을 확인할 수 있습니다. 물론 인터넷 뱅킹으로 바로 확인할 수 있어도 아이와 주기적으로 은행에 방문하여 통장 정리를 하면 더욱 좋습니다. 통장 겉면에 목표를 적으면 통장 정리를 할 때마다 목표를 눈으로 확인하는 효과가 있거든요.

저는 그동안 사용한 통장들을 모아 두었다가 나중에 아이들이 성인이 되면 선물로 주려고 합니다. 그 기록을 통해 자신의 성장 과정을 돌아보고 스스로에게 뿌듯함을 느꼈으면 하는 바람이 있거든요. 어떠세요? 지금 당장 아이에게 계좌를 만들어 주고 싶지 않나요?

지금 아이에게 청약 통장이 필요한 이유

'연이율 4.5%의 높은 금리, 월 2만 원 이상 납입의 부담 없는 금액, 주택 청약 혜택'이라는 조건 덕에 한때 엄청난 인기를 누렸던 청약 통장. 하지만 요즘은 인기가 매우 시들해졌습니다. 금리가 낮아졌고, 투기과열지구의 경우 세대원은 청약할 수 없기 때문이에요. 또한 부분 인출이 불가능하여, 자금이 필요하면 아예 해지하거나 청약 통장 담보 대출을 받아야 하는 것도 단점입니다.

하지만 새집을 비교적 저렴하게 장만할 수 있다는 장점은 단점을 상쇄할 만큼 매력이 큽니다. 그래서 인기 지역의 경우 경쟁률이 상당하지요. 신청하는 모든 이에게 집이 공급되면 좋겠지만 현실적으로 그럴 수 없으니, 청약 통장 가입 기간과 해당 지역 거주 기간 등 여러 조건으로 점수를 매깁니다. 즉 청약 통장 가입 기간에도 점수가 매겨지는 것입니다. 그렇다면 아이가 태어나자마자 청약 통장에 가입하면 어떨까요? 만약 태어나자마자 청약 통장을 만든 아이가 서른이 되어 첫 청약을 한다고 하면 청약 기간이 30년으로 인정될까요? 결론부터 말하자면, 그렇지 않습니다.

청약은 아파트를 분양받고자 하는 사람들이 아파트를 분양받겠다는 의사를 표하는 절차입니다. 크게 국가나 지자체 등이 공급하는 국민주택과 민영건설업체가 공급하는 민영주택으로 나뉩니다. 청약 신청을 위해서는 청약 통장이 필요한데요. 과거에는 청약 예금, 청약 부금으로 나뉘어 있었지만 2009년 5월 이후 주택청약종합저축으로 통합되었습니다. 1인당 1개만 가입이 가능하고, 당첨 후에는 청약 통장의 효력이 상실됩니다.

국민주택은 그 건설 목적이 해당 지역에 거주하는 무주택 가구 구성원에게 주택을 제공하는 데 있으므로 무주택이어야 유리합니다. 민영주택의 경우에는 지역별 예치금을 납입하고 해당 거주 기간을 채우면 1주택자여도 1순위 자격을 받을 수 있습니다. 따라서 추후 아이에게 증여할 부동산이 있다면 국민주택이 아닌 민영주택으로 청약을 시도하고, 증여할 부동산이 없다면 국민주택 청약을 시도하면 됩니다. 우리 아이들이 살 세상에는 임대주택이 더욱 많아질 것이라고 하니, 청약 통장을 가지고 있으면 국민주택 청약 기회도 많아지지 않을까 생각해 봅니다.

국민주택에 청약하는 경우에는 해당 기관에서 청약 통장 가입 기간과 납입 횟수를 봅니다. 단, 만 19세 이전에 가입한 청약 통장의 경우에는 1회 납부 인정 금액(최대 10만 원)이 많은 순으로 24회차까지만 인정합니다. 민영주택의 경우에는 가입일을 기산일(일정 기간의 날수를 계산할 때 첫날로 잡는 날)로 하여 최대 2년까지만 인정하고요. 그러니까, 만 19세 이전에 납입한 돈은 2년 치만 인정하는 것입니다. 그래서 보통 아이가 만 17세가 되었을 때부터 월 10만 원씩 꾸준히 납입하면 된다고들 합니다만, 저는 지금 당장 만들기를 권하고 싶습니다. 청약 통장의 목적을 단순히 '인정 금액'을 만드는 데 두지 말고, 아이에게 목돈을 만들어 주는 최적의 기회로 삼는 겁니다. 외식 한두 번만 줄여도 모을 수 있는 금액이고, 해지를 할 수 없어서 반강제적으로 장기 보유를 할 수밖에 없으니까요.

한편, 청약 통장과 별개로 우리나라에선 미성년자에게 10년 단위로 2천만 원씩 비과세 증여가 가능합니다. 태어나자마자 2천만 원, 11세에 2천만 원, 그리고 21세에 5천만 원을 증여하면, 아이가 주택 구입에 9천만 원이라는 큰 종잣돈을 확보하고 시작할 수 있습니다.

오른쪽은 국민주택과 민영주택의 청약 기준을 간략히 정리한 표입니다. 관련 사이트에서 자세한 정보를 확인하여 도움을 얻기를 바랍니다.

저는 큰아이가 태어나자마자 기업은행에서 청약 통장을 만들었습니다. 집에서도 멀고 주거래 은행이 아닌 곳으로 선택했어요. 안 그러면 제가 돈이 필요할 때마다 빼서 쓸 것 같았거든요. 사실 돌 반지

'간략히 정리한' 국민주택과 민영주택 청약 기준

<table>
<tr><th></th><th>국민주택</th><th>민영주택</th></tr>
<tr><td>청약 신청 자격</td><td>동일한 주민등록표등본에 함께 등재된 세대 전원이 주택 또는 분양권 등을 소유하지 않은 세대구성원(무주택세대구성원)</td><td>최초 입주자모집공고일 현재 해당 주택건설지역 또는 인근지역에 거주하는 자</td></tr>
<tr><td>청약통장
(입주자저축)</td><td>주택청약종합저축, 청약저축</td><td>주택청약종합저축, 청약예금, 청약부금(85m² 이하만 청약 가능)</td></tr>
<tr><td>1순위 조건 청약통장 가입기간</td><td colspan="2">• 투기과열지구 및 청약과열지역: 가입 후 2년 경과
• 위축지역: 가입 후 1개월 경과
• 투기과열지구 및 청약과열지역, 위축지역 외
– 수도권 지역: 가입 후 1년 경과
– 수도권 외 지역: 가입 후 6개월 경과</td></tr>
<tr><td>1순위 조건 납입금 기준</td><td>매월 약정납입일에 월 납입금을 연체 없이 지역별 납입 횟수 이상 납입

• 투기과열지구 및 청약과열지역: 24회
• 위축지역: 1회
• 투기과열지구 및 청약과열지역, 위축지역 외
– 수도권 지역: 12회
– 수도권 외 지역 : 6회</td><td>• 주택청약종합저국, 청약예금: 납입인정금액이 지역별 예치금액 이상
• 청약부금: 매월 약정납입일에 납입한 납입인정금액이 지역별 예치금액 이상</td></tr>
</table>

출처: 한국부동산원 청약홈[3]

를 전부 정리하고 받은 돈도 입출금 통장이 아닌 청약 통장에 넣었습니다. **'강제 저축! 해지 불가!'** 제겐 이 두 가지 이유만으로도 충분했기 때문입니다. 물론 주식이나 부동산, 금 등 해박한 투자 지식이 있다면, 이 돈을 활용하여 더 나은 수익을 내는 것도 좋습니다.

수능 전에 아이에게 하고 싶은 말을 5글자씩 입력해서 만들어 준 감동적인 통장 이야기가 있습니다. 가능하다면 우리도 한 달에 한 번

권준솔

메모할 수 있어요. (최대 20자)

거래시각	2020.06.19 14:45:15
거래구분	일반이체
거래금액	-20,000원
이체금액	20,000원
수수료	0원
거래 후 잔액	1,087,014원
입금계좌	
받는 분에게 표기	동생챙겨주느라 늘 고마워

권준도

메모할 수 있어요. (최대 20자)

거래시각	2020.06.19 14:44:20
거래구분	일반이체
거래금액	-20,000원
이체금액	20,000원
수수료	0원
거래 후 잔액	1,107,014원
입금계좌	
받는 분에게 표기	첫등교잘다녀줘서고마워

씩 인상 깊은 기억을 메시지로 남겨 주면 어떨까요. 아이에게 잊지 못할 선물이 될 것입니다. 저는 '첫 등교 잘 다녀와 줘서 고마워', '동생 챙겨 주느라 늘 고마워' 등과 같이 아이에게 남기고픈 말을 적어서 입금하고는 한답니다. 훗날 아이들이 보며 얼마나 사랑받고 컸는지 느낄 수 있길 바라면서요.

가족을 위해 용돈을 사용하는 법

어버이날 주간이 되면 학부모들의 프로필 사진에는 온통 아이들로부터 받은 편지와 카네이션, 선물로 가득합니다. 이 시기 수업시간에는 모아 놓은 용돈으로 카네이션을 사고 싶다는 아이부터 부모가 좋아할 만한 자그마한 선물을 준비하겠다는 아이까지 저마다 아이디어가 넘쳐나요. 부모님께 드리고 싶은 선물을 그림으로 그려 보는 시간에는 자동차, 집, 반지 등 아이들이 큰돈이 생기면 사서 선물하고픈 것들이 등장합니다.

개중에는 아무것도 그리지 못하는 아이도 있습니다. 엄마가 뭘 좋아하는지도 모르겠고 해드리려는 생각조차 못 하는 경우예요. 보통은 돈이 없을 때 해드릴 수 있을 만한 것들, 이를테면 안마, 청소, 종이 카네이션 정도는 생각해 내거든요. 그리고 나중에 돈이 생기면 엄마가 좋아할 만한 머리핀이나 아빠가 즐겨 마시는 달짝지근한 커피를 사드리겠다고 합니다. 이런 아이들의 머릿속에는 지금은 용돈을 사용하고, 훗날 어른이 되면 취직하여 받게 될 월급을 가족을 위해 사용하겠다는 계획이 있는 것입니다.

경제교육은 부모와의 끈끈한 유대관계를 바탕으로 병행되어야 합니다. 단순히 경제 지식만을 가르쳐서는 아이를 바람직한 경제 시민으로 길러 내기 어렵습니다. 몇 달 전 〈"몰래 빼도 엄만 몰라"… 할머니 통장은 가족의 ATM이었다〉라는 서울신문 기사를 보며 슬픈 마음이 들었습니다. 자식들이 노인이 된 부모님의 돈과 신용카드를 가로채고, 동의 없이 예금을 인출하고, 부동산 명의를 이전하며 대출을 받는 등 경제적 약탈을 일삼았다는 내용이었습니다. 마지막 월세 보증금 100만 원까지 날리면서도 자식을 고소할 수 없다는 할머니는 머물 곳 없이 떠돌고 계셨습니다.[4]

주변을 돌아보면, 여행 갈 돈은 있어도 부모님 용돈 드릴 돈은 없고, 아무리 잘 살아도 형제에게 도움 주긴 싫어하는 사람들이 있습니다. 돈 문제로 인해서 결국 척을 지고 마는 가정도 적지 않습니다(항상 사고만 쳐서 집안 재산 다 날리는 식구로 인한 싸움은 제외할게요).

'나'로 시작한 경제개념은 가족과 주변으로의 기부로 확장해야 합니다. 이를 위해서는 어렸을 때부터 감사함을 배워야 해요. '부모라면 마땅히 내게 다 해 줘야 해'가 아니라, '부모님이 얼마나 열심히 살고 계시는지, 하고 싶은 것을 참으면서 나에게 주고 있는 것인지'를 알아야 합니다. 언젠가 옆집에서 그러더라고요. "우리 시댁은 늘 딱 반만 도와준단 말이야. 주려면 다 주지 말이야"라고요. 고마움보다는 원망이 큰 푸념에 뭐라 건넬 말이 없었습니다. 받은 것에 대한 감사함보다 못 받은 것에 대한 아쉬움이 더 큰 것을 보며 컵에 담긴 물을 보는 두 관점이 떠올랐습니다. '컵에 물이 반밖에 없네'와 '물이 반이나 남았네'로 보는 관점 말입니다.

만약 여러분의 자녀가 어릴 때부터 베푸는 것을 좋아한다면, 자기 자신을 챙기면서 주변에 베푸는 것을 가르칠 필요가 있습니다. 가족만을 위해 모든 것을 헌신하다가 어느 순간 공허함을 느끼고 더 나아가 배신감을 느끼지 않도록 하기 위해서입니다. 이건 제가 한때 느꼈던 감정이기도 해요. 이런 아이들에게는 용돈의 일정 부분은 무조건 자기 자신을 위해 쓸 것을, 그래도 괜찮다는 것을 알려 주세요.

반대로 자신이 갖고픈 것은 어떻게든 손에 쥐어야 직성이 풀리는 아이도 있어요. 이 아이들에게는 자기 것을 나누도록 가르쳐야 합니다. 네가 다 갖고 싶어도 그럴 수 없다는 것을, 주변 사람도 챙겨야 한다는 것을, 네가 가진 것들을 주기 위해 엄마 아빠가 갖고픈 것을 참았다는 것을 말하세요. 아이가 받는 것을 너무 당연하게 받아들여서는 안 됩니다. 만약 그리되면 받은 것은 생각지 않고 못 받은 것에 대해서만 섭섭하다며 원망하고 맙니다. '성인이 되면 알아서 깨우치겠지' 하다가는, 나중에 "넌 월급 받아서 엄마 용돈 한 번을 안 주니" 라고 말하게 될지도 모릅니다.

어릴 때부터 가족 생일에 편지도 쓰고 선물도 주고, 집에 필요한 물건을 살 때 용돈도 보태게 하세요. 이미 여러 번 이야기했듯, 돈을 모아 가족에게 선물을 주는 행동은 저축 습관을 만드는 가장 훌륭한 동기부여입니다. 가족을 위해 용돈을 쓸 줄 아는 아이로 자라도록 이끌어 주세요.

해외 경제교육 사례 2. 독일, 프랑스

최고의 경제교육 국가, 독일에서 이루어진다는 '독일식 돈 교육법'이 화제입니다. 몇 년 전 출간된 바바라 케틀 뢰머의 《초등 1학년, 경제교육을 시작할 나이》에서는 돈을 바라보는 시각과 교육 방법에 대해서 독일 사회가 얼마나 체계적으로 접근하는지 보여 줍니다. 독일은 자립심과 책임감을 강조하며, 이런 철학은 경제교육에도 반영되어 있습니다.[5]

독일에서는 아이가 4세가 되면 경제관념을 가르치기 시작합니다. 뮌헨 청소년 상담센터에서 발간한 용돈이라는 주제의 소책자에 따르면, 9세까지는 용돈을 일주일 단위로 제공하여 아이가 푼돈의 중요성을 알게 합니다. 아이는 부모와 함께 벼룩시장을 다니기 시작하고 어린아이를 위한 벼룩시장도 따로 열립니다. 자연스럽게 경제관념과 알뜰함을 배우는 셈이지요. 10세부터는 용돈을 월 단위로 받아 꼼꼼하게 관리하는 법을 배웁니다. 이렇듯 독일은 지자체에서 연령별 적정 용돈 수준을 알려 주기도 합니다. 한편, 독일에서는 어린이의 노동이 원칙적으로 금지되어 있습니다. 단, 아이 건강과 성장에 방해가 되지 않고 하루 최대 3시간 이내이며 학교 가는 시간과 저녁 6시부터 아침 8시 사이를 피한다면 만 13세부터는 부모 동의하에 아르바이트가 가능합니다. 따라서 그 나이부터는 스스로 용돈을 벌어 쓰면서 경제적 자립을 배우는 기회를 마련할 수 있습니다.

독일의 경제교육은 합리적인 소비능력을 갖춘 시민 양성을 목표로 합니다. 이에 따라 아이들을 위한 소비교육을 별도의 과목으로 지정하여 교육하고 있습니다. 아이들은 초등학교 시절만 지나면 교사와 부모의 협의에 따라 자신의 진로를 결정합니다. 학교들은 대개 인문계 고등학교인 김나지움Gymnasium, 실업계 고등학교와 비슷한 레알슐레Realschule, 하우프트슐레Hauptschule, 그리고 그 둘의 모습을 모두 갖춘 게마인트슐레Gemeintschule로 나뉩니다. 슐레 계열의 학교에 입학한 아이들은 4~5년간 교육을 받은 뒤 도제 훈련을 시작하며, 김나지움에 입학한 후에도 본인이 희망하면 직업학교로 전학할 수 있습니다.

독일에는 흔히 '독일 3사'라고 칭하는 BMW, 벤츠, 아우디뿐만 아니라 헹켈을 비롯한 생활용품 회사, 유명 맥주 회사, 원목 장난감 회사 등 오랫동안 명맥을 이어 온 수많은 기업이 있습니다. 기술력에 자부심을 가지고 직업교육에 임하며, 세계적인 명품들을 만들어 나가는 모습에서 배울 점이 많습니다. 또한 어렸을 때부터 자연스럽게 경제교육이 이루어지고, 자신의 돈을 합리적으로 소비하고 저축하는 모습을 본받아야 합니다.

프랑스 국기의 청색, 백색, 적색은 각각 자유, 평등, 박애를 상징합니다. 자유를 강조하면서도 동시에 아이를 바르게 키워야 한다는 의식이 높아서 프랑스의 경우 자녀교육이 엄격하다고 알려져 있습니다. 남에게 피해를 주는 자유는 진정한 자유가 아니기 때문이겠지요. 프랑스에서는 아이의 독립심을 길러 주기 위해 포크 사용법을 익히고 난 후부터는 더 이상 음식을 떠먹여 주지 않는다고 합니다. 가족 모임에서는 어른은 어른끼리, 아이는 아이들끼리 구분되어 시간을 보낸다고 하고요. 다시 말하면, 자신의 문제는 스스로 해결하도록 자립심을 키워 주는 것입니다. 자부심 강한 국민의 원천은 프랑스 교육에 있지요.

언젠가 프랑스의 자녀교육을 다룬 다큐멘터리를 본 적이 있습니다. 부모가 아침에 아이를 깨우니 유치원에 갈 법한 아이가 방에서 나와 직접 옷을 입고 양치를 하고 학교 갈 준비를 합니다. 스스로 해야 하는 것, 규칙을 지켜야 하는 일에서만큼은 무척 엄격하게 교육이 이루어지는 것을 알 수 있었습니다. 프랑스에서는 특이하게 아이 용돈을 계좌이체로 주고, 아이는 직불카드를 사용하는데요. 카드를 사용하면 기록이 남을 수밖에 없어서, 그에 따른 책임도 함께

질 수 있도록 교육하기 위해서라고 합니다. 어렸을 때부터 부모로부터 완벽히 독립하기 전까지, 삶 전반에 걸쳐 통제력과 자립심을 길러 주는 교육을 하고 있는 셈입니다.

메일진 해외교육동향의 '프랑스의 경제(금융문해)교육 현황'에 따르면, 프랑스 교육부에서 학교의 금융·경제교육에 적극적으로 참여하게 된 시점은 2016년부터라고 합니다.[6] 프랑스 국민을 위한 금융교육이 국가적 전략 차원에서 필요하다는 의견이 모이면서 학교 교육과정에서 금융교육과 경제교육 관련 내용 개발을 제시한 것입니다. 프랑스 학교의 금융·경제교육은 아직 시작 단계라고 볼 수 있습니다. 비록 시작은 늦었지만 전국민의 금융·경제교육 이해능력 향상을 목표로 하는 국가의 노력과 프랑스 부모의 확고한 교육 철학과 경제관념을 바탕으로, 실시 효과가 클 것으로 예상합니다.

은행을 찾아가는 게 버거운 부모라면

Q 맞벌이라서 그런지, 은행에 한번 가기도 어려워요.

A 맞아요. 가정주부라도 은행 한 번 가려면 크게 마음먹기 마련인데, 맞벌이니 얼마나 시간이 없으시겠어요. 저도 은행에 가려면 수업 끝나고 5교시인 날을 이용해서 조퇴하고 달려가야지만 은행 마감 전에 도착할 수 있으니, 여간해선 쉽지가 않아요.

그래도 앞서 말씀드린 것처럼 은행에 가서 아이 입출금 통장, 청약 통장, 주식 통장은 만들어 놓는 게 앞으로도 편리해요. 인터넷 뱅킹만 신청해 놓으면 그 뒤로는 은행에 자주 가지 않아도 아이 계좌를 쉽게 관리할 수 있으니까요.

인터넷으로 간편하게 처리하면 좋겠지만 아이들의 은행 계좌를 처음 만들 때는 반드시 한 번은 은행을 방문해야 합니다. 은행에 가기 전에 서류를 완벽하게 준비해서 위에 적어 놓은 통장 업무를 같이 신청하는 방법을 추천합니다. 아울러 일부 은행에서는 미리 대기표를 앱으로 뽑아 놓을 수 있으니 이를 통해 대기 시간을 줄인 다음 점심 시간을 이용하거나 반차를 내서 은행을 찾기를 바랍니다.

경제교육 차원에서 아이와 함께 은행을 방문하려는 상황이라면, 어쩔 수 없이 일정을 정해서 움직이는 것을 추천합니다. 되도록 한 번 갔을 때 여러 일을 처리하도록 준비하시고요. 동전을 입금하는 경우에는 반드시 은행의 동전 교환일을 확인해서 두 번 발걸음하지 않도록 주의하시기 바랍니다.

은행에 간다고 하면, 하나 추천하고 싶은 것이 있어요. 바로 지역사랑상품권인데요. 코로나19로 자영업 침체가 이어지자 지역경제 활성화를 위해 지자체에서 발행하고 있는 화폐입니다. 지역마다 다르지만 보통 1인당 월 20만~60만 원 내에서 5~10% 할인된 금액으로 상품권을 구입할 수 있어요. 4인 가정에서 50만 원어치 상품권을 사면 최소 3만 원에서 5만 원까지 생활비를 아낄 수 있는 셈이에요. 동시에 동네 상권도 살릴 수 있습니다. 은행에서만 살 수 있으니, 은행에 가는 김에 챙겨서 구입하면 좋을 듯해요.

동네에서 물건을 살 때마다 5~10%를 미리 할인받는 것과 마찬가지니 충분히 써 볼 만해요. 설날과 추석 명절 전에는 온누리상품권도 10% 할인을 진행하는 때가 있으니 미리미리 현금을 확보해서 사 두면 시간 내서 은행 오길 잘했다고 여기게 될 거예요. 행정안전부에서 운영하는 '내 고장 알리미' 사이트에서는 지역별로 지역사랑상품권을 안내하고 있으니 참고하면 큰 도움이 될 것입니다.[7]

Chapter

4

응용

우리 가족 경제 규모 이해하기

아이와 가계 상황에 관한 대화가 필요한 이유

과거에는 지금처럼 상대적 박탈감을 느낄 일이 많지 않았습니다. 먹고사는 모습도 비슷했고, 휴가철마다 놀러 다니는 곳도 비슷했으니까요. 이젠 그렇지 않습니다. 해외여행을 다니고, 호캉스(호텔+바캉스의 합성어)를 하고, 값비싼 음식과 명품 쇼핑을 즐기며 이를 전시하는 모습을 SNS에서 너무나 흔히 찾아볼 수 있는 세상입니다. 이런 걸 보면 나도 갖고 싶다, 나도 저렇게 살고 싶다, 마음이 흔들립니다.

저도 그러냐고요? 그럼요. 저도 갖고 싶은 것도 있고 즐기고 싶을 때도 있어요. 그래도 제 경제 규모를 알기에 휘둘리지 않습니다. 저건 그들의 삶이고, 이건 내 삶이라고 구분할 수 있습니다. 하지만 아이들은 그렇지 않아요. 다른 친구가 갖고 있는 건 나도 갖고 싶은 게 아이들입니다.

요즘 '우리 아이 기죽이지 않으려고' 원하는 건 전부 다 해 주겠다는 분위기가 깔려 있습니다만, 저는 절대적으로 반대합니다. 지인 중에 학군지에서 자녀 기를 죽이지 않으려고 아등바등 살던 분이 있습니다. 자녀 학원과 과외에도 열심이어서 늘 아이들 몇 명을 모아 그룹 과외를 추진했어요. 아이 신발부터 옷까지 모두 브랜드로 휘감아서 늘 '있는 집' 아이처럼 보이려고 했습니다.

하지만 실제로는 본인의 경제 규모로 감당하기 어려운 삶이라 버거워했습니다. 학원비도 밀렸고, 그나마도 남들 보여 주기 식의 한두 달 수업이 전부였습니다. 신청만 하고 바로 환불하는 경우도 많았더군요. 사실은 사업이 실패하여 가세가 기울었는데, 가족에게까지 손을 벌리면서도 아이에게 전념하고 있었던 것입니다. 순전히 아이 기죽이기 싫어서요. 아이가 나중에 이 사실을 알면 뭐라고 생각할까요. 나 기죽지 말라고 친구들까지 전부 밥 사 주고 키즈카페 데려가던 엄마에게 감사하다고 생각할까요?

아이가 기죽는 걸 좋아할 부모는 당연히 없습니다. 그러나 길게 보면 우리 집 경제 상황을 바르게 인식하는 것이 아이에게 더 낫습니다.

경제 상황을 바르게 알면 두 가지 측면에서 유리합니다. 우선은 기회비용을 알고 자기 일에 최선을 다할 수 있다는 점입니다. 경제 상황을 바르게 인식하지 못하면 아이는 자신이 선택할 수 있는 것들에서 기회비용을 많이 따지지 않습니다. 예를 들어볼까요. 부모는 허리

띠를 졸라매어 대출로 아이의 어학연수를 간신히 보냈는데, 아이가 어학연수 후에 유학으로 바꾸겠다고 하는 것이지요. 1~2년의 어학연수만 마치면 영어 실력을 쌓고 마무리할 수 있을 줄 알았지만 아이는 어학연수에서 만난 대다수 친구가 그랬듯 자신도 별 고민 없이 그 길을 선택하겠다고 말합니다. 과연 그게 가정을 위한 최선인지는 생각해 보아야 합니다.

또한 아이가 자신이 누리고 있는 것들을 당연하게 여기면서 감사한 마음을 잊고 살아갑니다. 어려운 가정형편으로 독서실 총무나 아르바이트를 병행하면서 학원에 다니는 수험생들이 있습니다. 이러한 사람들과 부모가 편하게 학원비를 대 준다고 여기는 사람들은 돈에 대한 관점 자체가 다릅니다.

집안 형편에 맞지 않는 과도한 지원은 이렇듯 자녀에게 악영향만 끼칩니다. 특히 자녀에게 한 투자라는 명목의 빚이 되어 고스란히 자녀에게 전달될 수 있습니다.

아이에게 집안 상황을 알려 줄 때는 다른 집과 우리 집의 경제 규모를 비교하지 않도록 주의하세요. 또한 너무 세세하게 금전 상황을 알려 주거나 푸념을 하면 아이가 걱정에 휩싸이니, 이런 방법도 지양해야 합니다. 그저 우리 집 상황은 이러하니 앞으로 이렇게 돈을 쓰자, 정도로 이야기를 나누면 돼요. 다만 부모가 열심히 벌어 이룩한 현재의 경제 상황에 대해 감사한 마음을 갖도록 해 주시고, 우리 집이 앞으로 어떻게 하면 더 풍요롭게 살 수 있을지에 대해 의견을 나누세요. 그러면 아이도 자신의 용돈을 효율적으로 사용하는 방법을 궁금해할 테고, 이때 자연스럽게 저축, 대출, 소비, 투자에 대해 이야기할 수 있게 됩니다. 선순환이 일어나는 거예요. 충분하고 효율적인 대화만이 아이의 올바른 경제습관을 끌어낼 수 있습니다.

우리 집의 수입을 아이에게 알려 줘야 할까?

한 달에 천만 원 번다는 유튜버, 십억 대 빚을 불과 1년 만에 전부 갚았다는 연예인 이야기를 들으면, 아이들은 부모도 그만큼 벌 거라고 상상하게 됩니다. 실제로 아이들에게 부모님 월급이 어느 정도일 것 같으냐고 물으면, 초등학교 저학년 아이들은 백만 원, 초등학교 고학년 아이들은 천만 원이라고 대답해요. 부모님이 돈 걱정은 하지 말라 했으니, 자신이 알고 있는 가장 큰 금액을 말하는 겁니다.

만약 아이들이 부모의 수입을 물으면 어떻게 대답해야 할까요? 사실대로 알려 줘도 될까요? 괜히 대답했다가 아이가 밖에서 "우리 아빠 한 달에 ㅇㅇ만 원 벌어요"라고 이야기하고 다녀서 비교당하면 어쩌나 걱정하는 분도 계실 거예요.

교사인 제 월급은 300만 원 선입니다. 18년 차로 연봉은 6천만 원 정도인데 성과급, 명절 휴가비, 각종 수당(담임수당, 부장수당)이 모두 포함되어 있습니다. 이 연봉을 12개월로 나누어서 받습니다. 교사들이 방학 때 공짜로 월급을 받는다고 알고 계시기도 하던데, 사실 연봉을 나누어 받고 있는 것입니다. 저는 제 연봉을 큰아이가 초등학교 3학년일 때부터 공개했습니다. 물론 세세한 내역까지 설명하지는 않습니다. 다만 엄마 아빠가 아침에 나가 저녁에 들어올 때까지 열심히 일하면 이만큼의 돈이 생긴다고 이야기해요. 아이들이 갖고 싶어 하던 닌텐도 스위치와 스타터 팩의 경우도 저의 하루 수입과 비교해서 말해줍니다. 부모의 월급에서 매달 지출하는 고정비용(보험료, 대출, 관리비, 통신료 등)과 자녀 학원비, 부모님 용돈마저 아이들에게 알려 줄 필요가 있습니다. 아이들이 우리 가족이 생활하는 데 이렇게 많은 지출이 발생하는지를 알면 깜짝 놀라고는 합니다. 제 큰아이 같은 경우는 부모님이 이렇게 힘들게 버는 돈인데 학원비가 너무 아깝다며 최대한 빠르게 코스를 마치겠다고 말하기도 했습니다. 제가 아이에게 "얼마나 힘들게 번 돈인데, 너는 그렇게밖에 하지 못하니" 같은 이야기를 꺼낼 필요가 없었죠.

다시 말하면, 아이에게 수입을 알려 주는 것은 단순히 숫자를 가르치는 것 이상의 의미가 있습니다. 바로 수입에 따른 분배와 생활을 영위하기 위한 부모의 노력과 헌신을 깨닫게 됩니다. 또한 더 많은 지출이 필요할 때는 수입을 늘리는 방법도 함께 논의할 수 있습니다.

아니면 지출을 줄일 수 있는 곳도 함께 찾아볼 수 있지요.

앞서 말했듯, 초등 아이에게 너무 세세한 월급 내역까지 알려 줘서 아이가 또래 사이에서 부모 월급으로 비교당할 일을 만들 필요는 없습니다. 이 부분을 늘 유념해서 경제교육을 진행해야 합니다. 돈 액수만으로 누군가를 평가해서는 안 된다는 것을 말이죠.

만약 아이에게 수입을 정확하게 공개하기 어렵다면, 몇몇 기업의 평균 연봉을 보여 주는 것도 좋은 방법입니다. 2021년 4월 기준, 수도권 주요 지역에 위치한 기업들의 평균 연봉을 정리해 보았습니다.

평균 연봉을 직업별로 설명할 때 유념해야 할 부분이 있습니다. 직장에 입사하는 것에 만족하지 않고, 고정적인 월급 내에서 자신의

수도권 주요 기업의 평균 연봉

(단위: 만 원/년)

회사명	평균 연봉	평균 근속 연수	회사명	평균 연봉	평균 근속 연수
SK에너지	12,100	20.99	삼성중공업	7,500	17.3
SK종합화학	11,700	19.63	LIG넥스원	8,400	13.1
현대코퍼레이션	8,600	9.7	네이버	10,247	5.77
현대해상	8,900	14.1	한글과컴퓨터	7,300	7.1
GS리테일	5,100	6.6	KT	8,800	21.6
GS칼텍스	10,380	15.2	오뚜기	4,300	9.1
포스코	9,800	19.1	이오테크닉스	5,980	8.2

출처: 금융감독원 전자공시시스템[1]

재능을 계발하여 제2의 직업을 얻거나 다른 곳에 스카우트되는 사례가 많기 때문입니다. 이에 따라 초봉은 적어도 시간이 지날수록 몇 배에서 몇 십 배까지 수익을 얻는 사람들도 있고요. 따라서 아이에게 직장별 월급과 함께 평생교육의 개념을 함께 설명해 줘야 합니다.

표를 살펴보면 업무 중심지인 광화문에 위치한 SK와 현대 계열사의 연봉 수준이 상당히 높은 것을 알 수 있습니다. 강남에는 곳곳에 중소 규모의 병원들이 자리하고 있으나 표에 적힌 GS 그룹과 포스코 그룹 외에 지역을 대표할 만한 대기업은 없기 때문에 연봉 수준은 광화문에 못 미치는 편입니다. 다만 성형외과와 피부과 병원들이 대거 포진된 만큼 지역 연봉 수준은 훨씬 높을 것으로 예상합니다.

요즘 초등학생들의 로망인 판교 IT 기업들을 볼까요? 판교 테크노밸리에는 한화테크윈, 삼성중공업, LIG넥스원 등 R&D(연구·개발) 센터가 들어서면서 제조업체와 IT 기업의 조화가 이루어졌습니다. 그래도 아직은 광화문 일대 대기업들보다는 연봉이 낮은 편입니다. 마지막으로 제가 살고 있는 안양에 있는 기업들을 보면 전 국민이 아는 오뚜기의 평균 연봉은 4,300만 원이고, 조금 생소한 이오테크닉스의 평균 연봉은 5,980만 원입니다. 이오테크닉스는 레이저 기술을 이용한 공정 장비를 만드는 중소기업입니다. 레이저 기술이 궁금한 아이에게 해당 기업과 연봉 수준을 알려 주면 아이가 직업을 선택하는 데 참고할 수 있겠지요.

아이들이 엄마 아빠의 연봉을 물으면, 이제부터는 얼버무리지 말고 명확히 알려 주길 바랍니다. 금융감독원 전자공시시스템 사이트 등을 참고하여 다양한 직업과 직장 연봉도 보여 주세요. 좋은 대학에 가면 좋은 직장을 얻을 수 있다는 고리타분한 이야기 말고, 아이가 원하는 직업이 벌어들이는 정확한 연봉을 보여 주고 구체적인 목표를 세울 수 있게 도와주세요. 물론 직업을 연봉 수준으로만 평가할 수는 없습니다. 다만, 그만한 돈을 버는 데는 이유가 있다는 것을 함께 가르쳐 주면 좋습니다. 예를 들어, 전문직은 그 자격증을 얻기까지 긴 시간을 공부에 쏟았기 때문에 그만한 보상을 얻는다는 점을 일러 주는 거예요. 이러면 아이가 구체적인 직업을 꿈꾸는 데 더욱 도움이 됩니다.

아울러 돈 많이 버는 직업, 그리고 비싼 집이 무조건 좋은 게 아니라는 점도 꼭 알려 주세요. 아이들이 돈이 최고라고 생각하며 돈 많이 버는 직업을 얻고 비싼 동네에 사는 게 최고라고 생각하지 않게 곁에서 지켜보세요. 이를테면 동영상 조회수를 높이고자 어떠한 방법도 불사하며, 심지어 불법까지 저지르는 방송은 동경의 대상이 아니라 경계의 대상임을 가르쳐 주고요. 반대로 한 사람이 직장을 얻기까지 들인 노력과 방법이 정당하다면, 그에 합당한 연봉도 인정할 수 있도록 하는 겁니다. 그래야만 아이가 부자에 대해 잘못된 인식이나 편견에 빠지지 않고 균형 잡힌 시각으로 세상을 바라보게 됩니다.

아이들이 좋아하는 게임 중에 '인생역전'이라는 보드게임이 있습니다. 이 게임에서는 처음부터 자신의 직업을 골라야 하는데, 졸업장을 따는 직업을 선택할지 졸업장이 없어도 할 수 있는 직업을 선택할지부터 정합니다. 적지만 꾸준히 월급이 올라가는 직업이 있고, 처음부터 많은 월급을 받는 직업도 있습니다. 또한 꿈을 실현하는 직업 중에는 터무니없이 적은 월급을 받는 1단계를 거쳐 기하급수적으로 월급이 오르는 3단계로 점차 나아가는 직업도 있습니다. 어느 것이 정답인지는 알 수 없습니다. 다만, 우리는 아이에게 세상에는 다양한 직업이 있다는 것을 가르쳐 주고 하나의 길만을 강요하지 말아야 합니다. 앞서 제가 제시한 자료 역시 직업에 관해 일러 주는 내용 중 하나일 뿐입니다. 따라서 우리 역시 연봉과 집, 차를 바라보는 바람직한 눈을 길러야 합니다. 그렇지 않으면 겉모습만으로 상대를 평가하는 부모의 모습을 아이들이 보고 배울 수 있기 때문입니다.

더불어 코로나19로 인해 4차 산업혁명이 더욱 빠르게 우리 곁으로 다가왔습니다. 어쩌면 우리는 지금 2030년에 다가올 미래를 앞당겨서 경험하고 있는 것일지도 모릅니다. 이 추세라면 현재의 '미래 촉망 직업'이 우리 아이들이 직업을 선택할 시점에는 '가장 인기 있는 직업'이 되어 있을지도 모르겠습니다.

4차 산업혁명은 정보통신기술(ICT)의 융합으로 이루어지는 차세대 산업혁명을 말합니다. 이 혁명의 핵심은 빅 데이터 분석, 인공지능,

로봇공학, 사물인터넷, 무인 운송 수단(무인 항공기, 무인 자동차), 3D프린터, 나노 기술과 같은 7대 분야에서 이루어지는 새로운 기술 혁신입니다.[2] 따라서 현재 연봉이 아닌 미래 핵심에 초점을 맞추어 아이가 미래 직업을 선택할 수 있도록 해야 합니다.

다양한 진로 직업 관련 자료를 제공하고 있는 진로정보망 커리어넷에 의하면, 미래 직업은 크게 49개로 정의합니다.

10년이면 강산이 변한다는데, 이를 보면 우리가 직업을 선택했던 20년 전의 눈으로 아이들에게 직업을 권할 수 없다는 게 실감 납니다. 직업의 수가 다양할뿐더러, 생각하지 못한 전문직들이 많아지고 있습니다. 이와 더불어 아이 눈높이에서 좀 더 쉽게 안내하고 싶다면, 다양한 직업에 대해 안내하는 MBC 〈드림주니어〉 방송을 추천합니다.[3] 실제로 〈드림주니어〉에서는 미래유망직업에 대해 살펴보기도 하였는데요. 웨어러블(몸에 착용하는 안경, 시계, 옷 등에 IT 기술을 접목한 것) 전문가, 반려동물 관련 산업과 직업, 항공우수 산업 및 첨단기술을 활용한 범죄과학, 인공지능 및 사물인터넷, 로봇 관련 직업 등 다양한 직업을 재미있게 소개하고 있습니다. 아이들이 손쉽게 직업 탐색을 해 볼 수 있으니, 교육할 때 함께 살펴봐 주세요.

미래 직업 49

순번	직업	하는 일
1	곤충 음식 개발자·조리사	인류의 미래 먹거리를 책임지는 일을 해요
2	빅 데이터 전문가	빅 데이터를 분석하면 새로운 것들을 발견하고 미래를 예측할 수 있어요
3	해양 에너지 기술자	바다에서 전기를 낚아 올립니다
4	노인 전문 간호사	노인들의 건강관리를 책임져요
5	드론 콘텐츠 전문가	드론으로 다양한 콘텐츠를 만들어요
6	문화 콘텐츠 전문가	문화를 다양한 콘텐츠로 만들어요
7	스포츠 심리 상담원	운동선수들의 마음 건강을 보살펴요
8	신재생에너지 전문가	지구를 살리는 착한 에너지, 자연에서 찾아요
9	게임 방송 프로듀서	게임 방송 프로그램을 만드는 일을 해요
10	여행 기획자	새로운 여행지를 찾아내고 여행 상품을 개발해요
11	UX 디자인 컨설턴트	웹이나 애플리케이션 사용자들의 편리한 경험을 디자인해요
12	드론 전문가	원격 조종으로 촬영뿐만 아니라 운송까지 가능해요
13	개인 미디어 콘텐츠 제작자(크리에이터)	내가 표현하고 싶은 것들을 영상 콘텐츠로 만들어요
14	해양 레저 전문가	해양에서 할 수 있는 레저 활동을 만들어요
15	캐릭터 디자이너	애니메이션, 만화, 게임, 상품 등의 주인공을 디자인해요
16	사이버 평판 관리자	온라인 세계에서 좋은 이미지를 구축하고 문제를 해결해요
17	스마트 재난 관리 전문가	스마트 기기를 활용해서 재난을 효과적으로 대응해요
18	게임 기획자	누구나 쉽게 즐길 수 있는 게임을 만들어요
19	가상현실 전문가	IT 기술과 디자인으로 상상의 세계를 현실로 표현해요
20	스마트 그리드 엔지니어	값비싼 전기를 효율적으로 생산하고 소비하는 일을 책임집니다
21	헬스 케어 컨설턴트	건강관리를 체계적으로 할 수 있도록 도와줘요
22	도시 재생 전문가	낡고 오래된 도시에 새로운 생명을 불어넣어요
23	기후변화 대응 전문가	기후변화를 예측하고 대응하기 위한 대책을 내놓습니다
24	사물 인터넷 전문가	모든 사물에 인터넷을 연결하여 새로운 가치나 서비스를 창출해요
25	디지털 큐레이터	인터넷에서 내가 원하는 정보를 찾아주는 일을 해요
26	인공지능 전문가	스스로 사고하고 추론하는 능력을 가진 컴퓨터시스템을 개발해요
27	로봇 윤리학자	인간을 위해 로봇들이 지켜야 하는 행동 규범을 만들어요

28	바이오 의약품 개발 전문가	생명체에서 얻은 물질을 이용해 인간을 치료하는 약을 개발해요
29	로봇 공학자	모든 분야에서 사람을 대신할 수 있는 로봇을 제작해요
30	반려동물 훈련·상담사	반려동물의 문제 행동을 바로잡을 수 있도록 도와줘요
31	의료 기기 개발 전문가	환자의 건강 증진을 위해 의료 기기를 설계하고 개발해요
32	홀로그램 전문가	빛을 이용하여 마술 같은 3차원 영상을 만들어요
33	노년 플래너	노후를 건강하고 행복하게 보낼 수 있도록 설계해 줘요
34	생명공학자	생물체의 현상과 원리를 연구해 인간 생명에 도움이 되는 일을 해요
35	크라우드 펀딩 전문가	소셜 미디어나 인터넷을 활용해 자금을 모으는 크라우드 펀딩을 해요
36	스마트 의류 개발자	온도 조절 척척!, 의류와 IT가 만나서 새로운 세상을 열어요
37	생체 인식 전문가	사람 몸의 특정 부분을 이용해 비밀번호 장치를 만들어요
38	항공우주공학자	하늘을 무대로 항공기, 우주선, 로켓, 인공위성을 연구하고 개발해요
39	스마트 팜 구축가	농작물을 언제 어디서든지 관리할 수 있는 지능화된 농장을 만들어요
40	생물 정보 분석가	인간은 물론 동식물의 유전자 속 정보를 수집하고 분석해요
41	블록체인 전문가	누구도 정보를 조작할 수 없도록 하는 블록체인 기술을 개발해요
42	3D 프린팅 전문가	제조 분야의 혁명! 개인이 원하는 단 하나의 맞춤형 제품을 제작해요
43	디지털 포렌식 수사관	휴대폰·PC·서버 등에서 데이터를 수집하고 분석하여 범죄 수사에 활용해요
44	원격진료 코디네이터	정보 통신 기술을 이용해서 멀리 떨어진 환자와 의사를 연결해 줘요
45	스마트 도시 전문가	시민들이 편하게 생활할 수 있는 보다 똑똑하고 효율적인 도시를 만들어요
46	지식재산 전문가	특허, 브랜드, 디자인 등 지적 활동으로 발생하는 지식재산을 보호해 줘요
47	무인 자동차 엔지니어	운전자의 조작 없이도 스스로 도로 상황을 파악해 목적지에 도착할 수 있어요
48	클라우드 시스템 엔지니어	언제 어디서나 필요할 때 다양한 기기를 편리하게 사용할 수 있게 해요
49	정보 보호 전문가	정보 보호 수준을 진단하고 중요한 정보를 보호하기 위한 해결 방안을 제시해요

출처: 진로정보망 커리어넷[4]

가계부 작성으로 생활비 흐름 파악하기

혹시 우리 집 생활비가 얼마나 드는지 정확히 알고 계시나요? 매달 결제하는 카드값을 뭉뚱그려 알고 있는 가정은 몇몇 있지만, 영역별로 매달 얼마큼의 생활비를 지출하는지 정확히 알고 있는 가정은 그리 많지 않다고 해요. 저도 그랬습니다. 월급에서 카드값, 담보대출, 관리비 등이 빠져나가고 나면 식비도 빠듯하고, 예상치 않게 지출이 발생하는 달에는 어떻게 해결해야 할까 고민한 적도 많았습니다. 이럴 때마다 마이너스 통장이 든든한 뒷배가 되어 주긴 했는데 어찌 됐든 결국 갚아야 할 돈이니 진정한 해결책은 될 수 없겠단 생각이 들더군요. 아이 용돈 교육에 앞서 일단 부모인 우리가 제대로 돈 공부를 해야겠다는 다짐을 하게 되었습니다.

돈 공부를 시작하며 가장 먼저 한 일은 가계부 쓰기였습니다. 첫해에는 농협 가계부가 가장 인기가 많길래 어렵게 가계부를 손에 넣어 지출 내역을 꼼꼼히 적었습니다. 그런데 그때뿐이었어요. 사용액을 적어 넣기만 했지, 반성은 없었기 때문입니다. 이후 매년 유명한 가계부를 구입해 나름의 방식으로 작성해 보았지만, 살림살이는 그다지 나아지지 않았습니다. '학교에서는 예산에 맞추어 잘 쓰는데 왜 내 집 살림은 마이너스가 나는 것인가' 라는 고민을 늘 했더랬죠. 제 문제는 영역별 예산을 세우지 않고 돈을 쓰는 데 있었습니다. 학교 예산은 품목별로 예산이 정해져 있어서 혹시라도 다른 쪽에 예산이 더 필요하면 과목 경정, 추경을 통해 예산 범위에서 돈이 움직입니다. 그런데 내 집 살림은 분야별 예산 범위가 없었으니, 어디에 얼마를 쓰고 있는지 모르고 있던 것입니다.

그때부터 저는 돈을 나누기 시작했습니다. 처음 시작했던 2015년 당시, 우선 고정비용(육아비용 100만 원, 부모님 용돈 30만 원)은 제외하고 자동이체 되는 것들을 정리했습니다. 날짜별로 회비, 저축, 이자 등에 맞추어 정해진 금액들을 적었는데, 하루라도 연체하면 안 되는 항목들이었어요. 이 금액이 대략 118만 원이었습니다. 그다음으로 카드 결제일과 금액을 적는 칸을 만들었습니다. 이 금액은 변동비용의 총합으로, 역시 연체하지 않도록 별도로 적었습니다. 변동비용은 생활비(마트 장보기), 병원비, 차량유지비, 통신비, 전기세, 수도세, 가스비, 관리비, 경조사비, 외식비로 나누었습니다. 마지막으로 남아 있는 칸

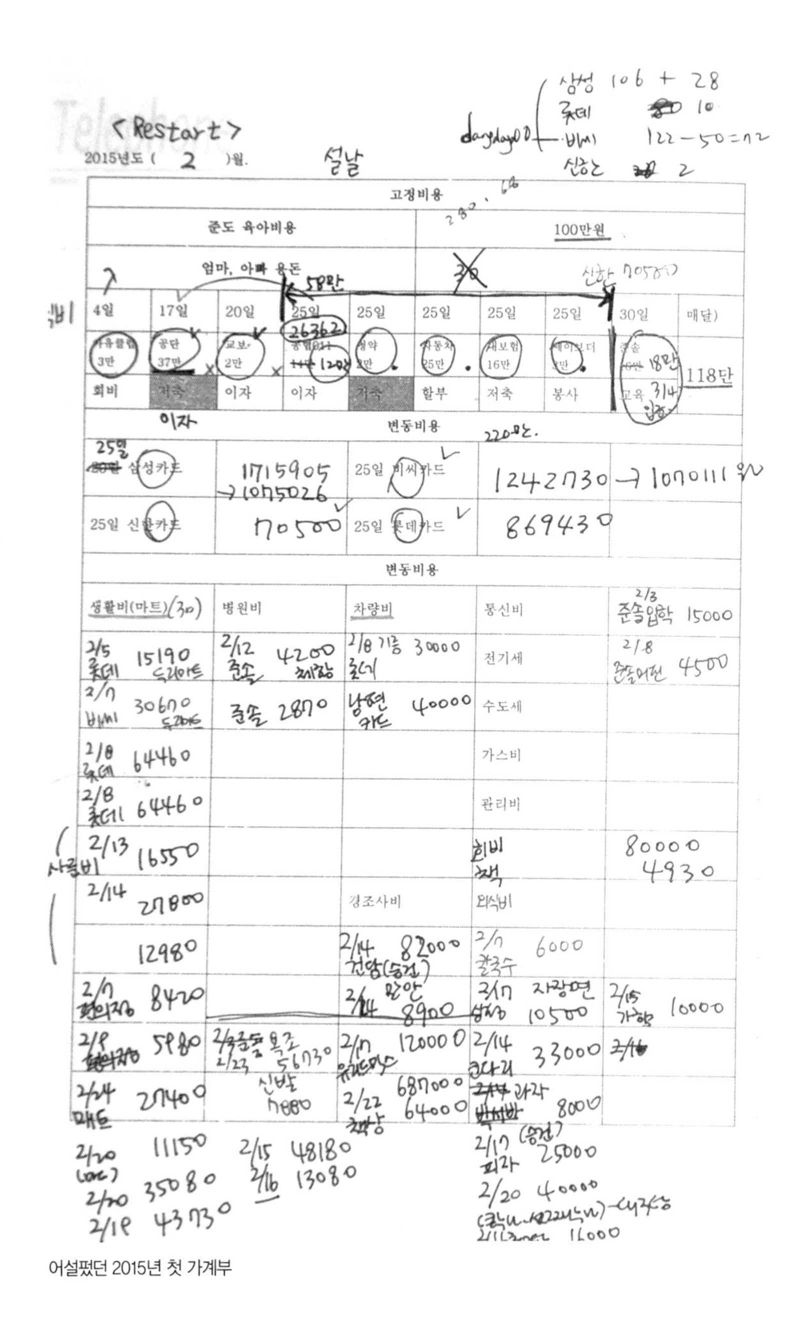

<Restart>

2015년도 (2)월. 설날

고정비용									
준도 육아비용					100만원				
4일	17일	20일	25일	25일	25일	25일	25일	30일	매달)
우유홀릭 3만	공단 37만	교보 2만	농협011 12만	청약 2만	자동차 25만	새보험 16만	세이브더 3만	준솔 18만	118만
회비	저축	이자	이자	저축	할부	저축	봉사	교육 314	

변동비용			
25일 삼성카드	1715905 → 1075026	25일 비씨카드	1242730 → 1070111원
25일 신한카드	170500	25일 롯데카드	869430

변동비용				
생활비(마트)(30)	병원비	차량비	통신비	2/3 준솔입학 15000
2/5 롯데 15190	2/12 준솔 4200	2/8 기름 30000	전기세	2/8 준솔어린 4500
2/7 비씨 30670	준솔 2870	남편 카드 40000	수도세	
2/8 롯데 64460			가스비	
2/8 롯데 64460			관리비	
2/13 16550			회비 책	80000 4930
2/14 27800		경조사비	외식비	
12980		2/14 82000	2/7 6000 칼국수	
2/7 8420		2/14 8900	2/17 자장면 10500	2/15 10000
2/9 5980	2/23 56730	2/17 120000	2/14 33000	
2/24 27400	신발 7880	2/22 64000	8000	

2/20 11150 2/15 48180 2/17 25000

2/20 35080 2/16 13080 2/20 40000

2/19 43730 16000

어설펐던 2015년 첫 가계부

에는 그 외 것들을 적었습니다.

구분해 놓고 보니, 생활비 항목에서 꽤 많은 돈을 지출하고 있었습니다. 실제 지출 내역을 적다 보니 적을 칸도 부족하고, 그 금액도 예산으로 잡아 둔 30만 원이 무색한 수준이었어요. 다른 항목들은 차치하고 식비와 마트 장보기 비용으로 이렇게 많이 지출하고 있을 줄은 꿈에도 몰랐습니다.

항목별로 정확하게 확인한 이후로는 '내 집 마련 가계부'를 통해서 좀 더 정확하게 생활비를 구분할 수 있었고, 부자가 되자고 선언하며 재테크 공부도 시작했습니다. 이후부터는 제 나름대로 가계부를 작성했습니다. 고정지출 비용의 경우 스티커를 1년 치 제작해서 돈이 빠져나가는 날짜에 붙여 놓기도 했습니다.

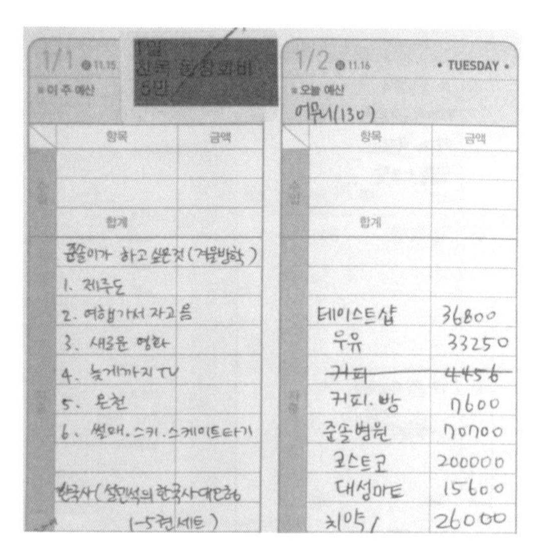

미리 붙여둔 고정지출 스티커(매달 1일 동창회비)

2019년부터는 나름의 방식으로 월별 체크리스트와 대출상환 목록, 자산 기록표를 만들었고, 가계부 기능을 합친 다이어리를 썼습니다. 제게 필요했거든요. 첫장 연간계획표에는 매달 크게 오가는 항목을 적었습니다. 1월과 6월은 자동차세, 2월과 9월은 명절 휴가비, 5월과 10월엔 자동차보험료, 7월과 9월은 재산세, 11월 종합부동산세 등 매달 기억할 것들을 미리 표기했습니다(2015년 돈 공부를 시작할 때만 해도 제가 종부세 내는 사람이 될 줄은 몰랐습니다).

일별 칸에는 정기적으로 지불해야 하는 항목을 매달 해당 일자 칸에 전부 적어 두었고, 사용한 금액은 월별 체크리스트로 정산했습니다. 제 월별 체크리스트에는 제가 기억해야 하는 것들이 전부 들어있습니다. 카드번호부터 계좌번호까지 전부 다요. 스스로 진행하는 월별 자산 확인표인 셈입니다.

이제 완전히 자리 잡은 저만의 생활비 체크리스트가 있습니다. 매달 항목별로 생활비를 구분하며, 다음과 같습니다.

- 회비, 사람 노릇
- 대출(줄이기)
- 담보대출(투자)
- 교육비(큰아이)
- 교육비(작은아이)
- 관리비 등(휴대폰, 교통비 포함)
- 저축
- 특별비(기타)

이렇게 크게 8개 항목으로 나누어서 총지출을 확인합니다. 식비와 외식비의 경우 안양사랑상품권으로 10% 저렴하게 구입한 후, 금액 내에서 사용하면서 소비를 통제했습니다. 아직은 저와 아이들의 미용비와 의류비 등이 거의 들지 않아서 이런 비용은 특별비용으로 진행합니다. 이렇게 따져 보니 우리 집 생활비로만 매달 최소 500만 원 정도 필요하다는 것을 알게 되었어요.

생활비를 확인했으니, 다음은 대출과 저축이었습니다. 그래서 맨 아래 칸은 제게 중요한 대출 칸으로 만들었습니다. 우선 금융사별 대출금액과 이자, 만기일을 기재합니다. 카드사별로 탈회했거나 가입한 것, 날짜별로 해지해야 하는 것들도 적어 놓습니다. 그리고 빠르게 갚아야 할 대출을 써넣고, 이 내용을 보고 또 보았습니다. 줄일 항목이 있는지, 대출은 얼마나 갚았는지를 매달 확인하며, 대출의 경우 대출 금리가 낮은 상품으로 갈아타기 위해 꾸준히 알아보았습니다. 월별 생활비 예산에서 플러스가 되는 달은 그 금액으로 가족 여행을 가거나, 대출을 갚는 데 사용했습니다. 빨간 줄로 대출액을 지워 나갈 때의 쾌감과 매달 체크리스트를 작성하며 자산을 쌓아 가는 만족감을 여러분도 경험해 보길 바랄게요.

금융	NH	신한	KB	우리	교육비	
분류						
1일	동창회비 5				준솔 논술 9.5	
2일					준솔 영어 19	
3일					준솔 태권도 12	
4일						
5일						
6일						
7일				담보대출 59만/3.49% 청약 2만		
8일						
9일						
10일					준도 태권도 11	
11일						
12일						
13일						
14일	농협카드, 현대카드					
15일						
16일						
17일	가족회비 10 공단 55 부모님용돈30		담보대출 40 2.96% 30년			
18일						
19일						
20일						
21일				ㅇㅇ 이자 40		
22일						
23일						
24일						
25일	NH 이자 NH 1400/3.83 NH 970/ 2.72 -> 15	연금저축 10만	카카오이자 결제	우리카드	준도 청약 2 준솔 청약 2	
26일						
27일				(14만) 2%		
28일					준솔 피아노 14 준도 피아노 12	
29일						
30일						
31일						

통장번호	
남편카드	기업 232-
신한은행	110-
우리은행	1002-
카카오뱅크	3333-
국민은행	228001-
키움	5077-
농협은행	농협(엄마) 122- 농협(이모) 302- 농협(친목) 352-
준솔 태권도	하나 4898-
준솔 피아노	하나 4898-
준도 통장	우체국 1048-
준도 통장	신한 1104-
준도 적금	신한 230-
준도 청약	신한 223-
준솔 통장	신한 110-
준솔 통장	우체국 1048-
준솔 통장	유안타 031-
준솔 청약	기업 232-
아빠 통장	신한 110-
아빠 통장	농협 356-
새언니	국민 6422-

카드번호		
나 시럽	4854-7902-	
	11/22	
나 국민	5236-1200-	
	03/23	
나 우리	5584-2030-	
	02/22	
국민카드	5409-	
	04/23	
유안타	1492-	
키움증권	12134-	
사업자	843-	
현대카드	4330-29-	
	06/21	

	NH	신한	KB	우리	교육비		〈자동이체내역〉		
	NH 1400/3.84 970/2.72 1050/2.95	공제 3830/3.6 =) 19. 8월 만료 공단 2042/3.5	KB 1000/2.96 신한 1000/3.46		카뱅 1700/3.17	농협카드(나) 솔 휴대폰 카카오뱅크 내 휴대폰	국민카드 넷플릭스	현대카드 군포 관리비 안양 관리비	+내역 1) 공제회 24 2) 연금저축 10 3) 솔, 도 4 4) 청약 2
	2018. 6.11. 신한카드 탈회								

현재 사용하는 가계부 서식 일부

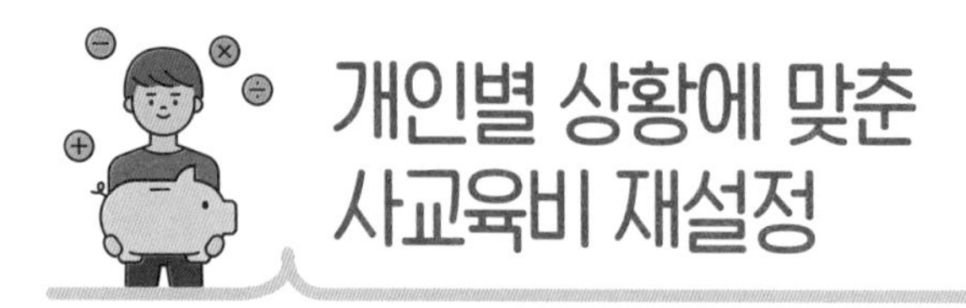

개인별 상황에 맞춘 사교육비 재설정

몇 년 전, 한 드라마가 우리 사회를 뜨겁게 달구었습니다. 바로 〈SKY캐슬〉이라는 드라마로, 소위 0.1% 상류층들이 아이를 SKY 대학에 보내기 위해 입시 컨설턴트를 고용하며 사교육에 매진하는 내용이었습니다. 극적인 장치를 제외하곤 현실에 있음 직한 일이라서, 드라마 종영 후 억대의 입시 컨설턴트를 찾는 프로그램이 제작될 정도로 한동안 최고의 화젯거리였습니다.

드라마에서처럼 아이에게 매년 억대를 쏟아붓지는 못 해도, 많은 부모가 생활비를 줄여 가면서까지 아이의 사교육에 매진합니다. 초등 아이 하나당 월 100만 원대의 사교육비를 들이는 가정도 주변에 많지요. 사교육은 감당할 수 있는 선에서 선택해야 합니다. 옆집 엄마가 아이를 영어유치원에 보낸다고 해서 우리 아이도 무조건 따라 해야 하는 건 아니에요. 아이가 대학에 갈 때까지, 아니 대학에 간 후에도 돈 들어갈 곳이 너무나 많습니다. 그때마다 우리 집 사정은 생각지 않고 따라잡기 식으로 교육한다면 결국 내 가랑이만 찢어질 수도 있어요.

국민 절반 이상이 이제 '개천에서 용 난다'는 말이 통하지 않는다고 여깁니다. 우리가 살아온 세상에서는 사다리를 타고 누구보다 빠르고 높이 개천을 오르느냐로 성공을 가늠했다면, 우리 아이들의 세상에서는 개천 위를 드론으로 훨훨 날아오르는 것을 성공으로 칠 겁니다. 그런 세상에서 부모가 만들어 놓은 사다리는 우리 때만큼 중요하지 않을지도 모릅니다.

통계청의 〈2020년 초중고사교육비조사〉에 따르면, 사교육비를 지출하는 초등학생의 1인당 월평균 사교육비는 31만 8천 원입니다. 사

2020년 초등학교 과목별 1인당 월평균 사교육비

(단위: 만 원)

구분	일반교과				예체능 취미·교양	전체 사교육비
	국어	영어	수학	사회·과학		
전체학생	1.5	6.7	4.6	0.6	7.2	22.1
참여학생	6.7	17.7	11.6	6.5	15.2	31.8

* 전체학생: 사교육을 받지 않은 학생 포함

** 참여학생: 사교육을 받는 학생만 대상으로 함

출처: 〈2020년 초중고사교육비조사 결과〉(통계청[5])를 바탕으로 재구성함

교육비를 받지 않는 학생까지 전부 포함하면 1인당 월평균 사교육비는 22만 1천 원입니다. 지역별·학년별로 꼼꼼히 조사한 자료이지만, 어떤가요. 실제와는 꽤 차이가 나는 것 같지 않나요?

어린이집과 유치원을 거쳐 초등학교 1학년에 입학하자마자 아이에게는 큰 변화가 일어납니다. 바로 길어진 방과 후 시간입니다. 부모에겐 아이가 이 시간을 어떻게 보내는가가 가장 큰 숙제입니다. 맞벌이 가족의 경우 운이 좋으면 돌봄교실을 이용할 수 있습니다. 하지만 아시다시피 워낙 인원이 제한되어 대부분 돌봄교실 추첨에 떨어지고, 하나의 선택지만 남습니다. 소위 말하는 '학원 뺑뺑이'가 그것입니다.

이 시기 아이들에게는 라이딩을 해 주는 태권도 학원이 필수 사교육 코스로 자리 잡습니다. 월 14만 원에 매일 픽업도 해 주고 운동을 하면서 친구도 사귈 수 있으니 여러모로 이득이기도 해요. 태권도가 끝나면 태권도 학원과 최대한 가까운 곳에 있는 피아노 학원과 미술학원에 아이를 격일 수업으로 보냅니다. 하루는 피아노, 다음 날엔 미술, 그다음 날에는 피아노, 이런 식으로 말이죠. 여기서 각 13만 원씩, 26만 원의 학원비가 추가됩니다. 부족한 공부도 보충해 주려니 학습지 한두 개 정도는 해야겠고, 이러면 다 해서 50만 원이 훌쩍 넘어버립니다. 그래도 왠지 아이에게 부족한 것 같고 더 해 줘야 할 것 같아요. 하나씩 추가하게 되지, 도저히 줄일 생각은 못 하겠어요.

지금은 코로나19로 모임이 덜 이루어지지만, 초등학교 1학년 생활체육과 축구 모임이 결성되면 월 8만~10만 원이 추가됩니다. 최소한으로 해도 이렇게 금액이 커지는 것이죠. 아직 영어, 수학, 논술은 건드리지도 않았는데요! 그렇게 1학년을 보내고 나면 2학년부터는 최소한 영어 파닉스는 시작해야 할 것 같아요. 방문 영어 수업은 주 1회 방문에 18만 원, 영어 화상 수업은 10만 원 정도라니 일단 시작합니다. 3학년이 돼서 영어학원을 다니기 시작하면 주 2회에 30만 원이에요. 4학년이 되면 이른바 프랜차이즈 영어학원으로 옮기는데, 주 2회에 50만 원으로 학원비가 부쩍 오릅니다. 영어학원 하나에 원래 마음먹은 '아이 하나당 사교육비는 50만 원!'이라는 계획이 무색해져요.

잠깐만요. 3~4학년부터 시작하는 수영 수업은 아직 언급도 안 한 걸요. 주 2회에 30만 원인 어린이 수영장을 추가하려니 슬슬 벅찹니다. 5학년부터는 이제 고학년인 만큼 공부에 좀 더 집중해야 할 것 같아요. 그래서 수학 학원을 다니기 시작하면서 그동안 다니던 태권도와 피아노 학원을 정리합니다. 이제부턴 취미보다 공부가 더 늘어나요. 그런데 특목고, 자사고, 대입 입시 컨설턴트들이 말하기를, 악기 하나, 운동 하나, 봉사활동, 자치회 임원까지 챙기라고 합니다. 도대체 그게 가능한 이야기이긴 한가요?

이제 선택을 내려야 할 시점이 왔습니다. 아이의 재능과 내적 만족을 고려하지 않고 옆집 아이와 똑같이 제공하는 사교육은 더 이상 의미가 없습니다. 내 아이가 좋아하는 것이 무엇인지, 잘할 수 있는 것이 무엇인지를 살피면서 필요 없는 것은 버리고, 필요한 사교육을 제공해야 합니다.

《김미경의 리부트》의 저자 김미경은 코로나로 인해 교육과 부동산 공식이 바뀐다고 이야기하고 있습니다. 지금까지 엄마들의 자녀교육 성공 공식은 명확했지만, 이제 균열이 생기고 있다고 덧붙이면서요.

그는 코로나 이후 무너지고 있는 교육과 부동산 공식 대신 자신만의 코어 콘텐츠(핵심 역량)를 키울 것을 제시합니다.[6] 사교육에 눈이 먼 우리에게 경각심을 주는 부분입니다. 이제 눈치 보며 따라 하는 사교육은 내려놓고 내 아이의 핵심 역량 강화를 위해 아이에게 맞는 사교육을 제공해야 할 때입니다.

그렇다면 내 아이에게 맞는 사교육은 어떻게 찾을 수 있을까요. 우선은 아이가 흥미를 갖고 집중하는 것이 무엇인지를 찾는 게 급선무입니다. 아이가 듣고 싶어 하지 않는 학원 수업을 이런저런 핑계를 대며 강요해서는 안 됩니다. 학원 가기 싫은 아이를 등 떠밀며 서로 에너지를 낭비하지 말고 아이의 눈이 반짝일 때 그걸 해 보면 어떻겠냐고 제안하는 것이지요. 이를 위해서 처음부터 비싼 돈을 쓸 필요는 없습니다. 오히려 고가의 영어유치원, 관심도 없는 전집 세트를 사 놓고 제대로 안 한다고 화내면 아이와 부모 모두 금방 지치고 맙니다.

2015 개정 교육과정에서는 아래와 같이 여섯 가지 핵심 역량을 제시하고 있습니다.[7]

앞으로 아이들의 학습과 평가, 입시 제도 역시 핵심 역량을 기르는 방향으로 전개될 것입니다. 단순히 문제집만 푸는 학습법으로는 길러 낼 수 없는 역량인 것이지요. 다시 말하면, 이 역량들을 기를 수 있을 만한 사교육을 선택해야 합니다. 아울러 우리 아이가 어느 역량이 높은지를 따져 보는 것도 필요합니다. 실제로 부모님과 함께 시골에서 유년기를 보냈던 한 아이가 그때의 심미적 감성을 글과 그림에

※ 2015 개정 교육과정의 핵심 역량

- 자기관리 역량: 자아정체성과 자신감을 가지고 자신의 삶과 진로에 필요한 기초 능력과 자질을 갖추어 자기주도적으로 살아갈 수 있는 능력
- 지식정보처리 역량: 문제를 합리적으로 해결하기 위하여 다양한 영역의 지식과 정보를 처리하고 활용할 수 있는 능력
- 창의적 사고 역량: 폭넓은 기초 지식을 바탕으로 다양한 전문 분야의 지식, 기술, 경험을 융합적으로 활용하여 새로운 것을 창출하는 능력
- 심미적 감성 역량: 인간에 대한 공감적 이해와 문화적 감수성을 바탕으로 삶의 의미와 가치를 발견하고 향유할 수 있는 능력
- 의사소통 역량: 다양한 상황에서 자신의 생각과 감정을 효과적으로 표현하고 다른 사람의 의견을 경청하며 존중하는 능력
- 공동체 역량: 지역·국가·세계 공동체의 구성원에게 요구되는 가치와 태도를 가지고 공동체 발전에 적극적으로 참여하는 능력

녹여 내어 대학교에 입학했고, 이후 자신의 책도 출간하고 웹툰과 캐릭터를 만들어 내기도 했습니다. 현재는 어린 나이임에도 강의를 진행하며 자신의 영역을 다각도로 넓히고 있지요. 이렇듯 앞으로는 아이의 개인 스토리와 핵심 역량을 키워 내는 것이 더욱 중요해질 것입니다.

생활 패턴 분석을 통한 생활비 줄이는 방법

'4개의 통장'이라는 말을 많이 들어 보셨을 겁니다. 이는 월급을 월급 통장, 생활비 통장, 비상금 통장, 저축 통장, 이렇게 4개의 통장에 각각 자동이체하고 계획적으로 운영해야 한다는 이른바 '통장 쪼개기' 기술입니다.

직장인의 월급 통장에는 늘 일정한 금액이 들어옵니다. 월급을 높이려면 연차를 쌓거나, 연봉 협상에 성공하거나, 실적을 올려 인센티브를 받아야 합니다. 물론 부업을 병행하며 적극적으로 수입을 늘리는 방법도 있겠지요. 비상금 통장에는 월급의 3~5배 수준의 잔고를 유지해야 지금처럼 불안정한 시기에 최소한의 안전장치가 됩니다.

저축 통장에는 쓰고 남은 돈을 나중에 모아서 넣는 것이 아니라,

미리 월급의 일부분을 떼어 놓아야 합니다. 개인마다 사정이 달라서 단정하기는 어렵지만, 저는 아직 독립하지 않은 사회초년생의 경우 월급의 70~80%, 2인 가구는 50~60%, 3인 가구는 40~50%, 4인 가구는 20~30%를 저축하길 권합니다. 특히 부모와 함께 살아서 생활비를 아낄 수 있는 사회초년생 시기가 중요합니다. 이때 청약이나 연금저축처럼 장기적으로 힘을 발휘하는 상품을 반드시 챙겨야 하고요.

저축 통장처럼 노력 여하에 따라 규모가 크게 달라지는 것이 생활비 통장입니다. 더구나 생활비를 아껴 쓰면 매달 저축 통장에 더 큰 돈을 모을 수 있지요. 생활비 통장을 효율적으로 사용하려면, 월급 통장에서 생활비 통장으로 일주일마다 생활비를 옮기는 편이 훨씬 낫습니다.

월급 통장에서 생활비 통장으로 매번 직접 이체할 필요는 없습니다. 요일별 자동이체가 가능한 은행도 많거든요. 한동안 저는 생활비 줄이기에 꽂혀서 나만의 '봉투 살림법'을 제작했습니다. 한 주의 생활비를 봉투에 넣고 쓸 때만 이용하는 방법인데요. 칸별로 나누어진 포켓을 이용하여 영역별로 나누어 놓고 사용했습니다.

크게 Food(식비, 부식비 포함), Car(유류, 통행료 등), Hospital(가족 의료비 전부), Housing(관리비, 수도, 전기, 가스, 기타 유지비 및 생활용품), Kids(아이에게 들어가는 것 전부), Me(나를 위한 교재비, 커피 등), Special and ETC(특별 사용금, 가족여행비)로 나누었습니다. 이 중 특별 사용금이 비상금 역할을 했습니다. 이 빠듯한 생활비에서 줄일 만한 부분이 있는지 계속 들여다

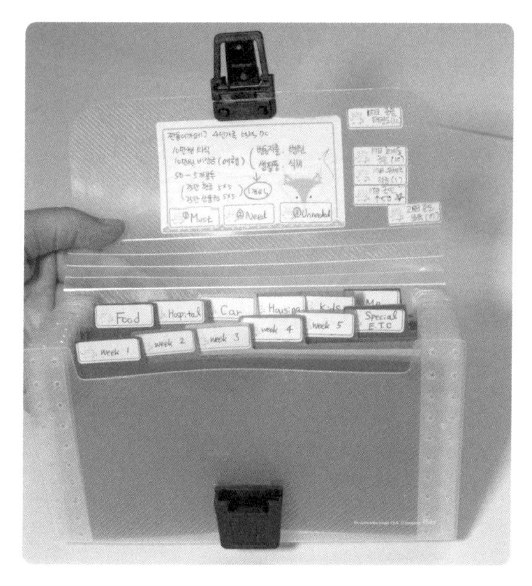

유용하게 사용한 봉투 살림법

보았습니다.

줄이기 힘든 기본적인 유지비는 그대로 두고, 크게 들어가는 비용을 줄이기로 남편과 협의했습니다. 외식비, 여행비, 교육비가 대표적인데요. 마침 월급을 받던 남편이 자기 사업을 준비하면서 수입이 줄어들었고, 그러다 보니 외식비 지출부터 꽁꽁 잠그게 되었습니다. 밖에서 사 먹기만 했던 파스타도 만들어 보고 웬만한 한식 요리도 직접 하면서, 요리 실력이 늘기도 했죠. 영 마땅치 않을 땐 동네 반찬가게에서 반찬을 사서라도 외식은 최대한 줄였어요. 4인 가족이 두세 번만 외식해도 어지간하면 10만 원은 쓰게 되니, 적지 않은 금액을 아끼게 됐습니다.

여행은 커 가는 아이들에게 반드시 필요하다고 판단해서 줄이지는 않았습니다. 다만, 아이들 추억을 쌓으면서 동시에 저렴하게 여행할 방법을 연구했어요. 숙박을 호텔에서 캠핑으로 바꾸니 숙박비가 5분의 1로 줄어들었습니다. 캠핑장 사용료는 하루 3만 원이면 충분하니까요. 부담은 덜고 전국 곳곳을 더욱 마음껏 누릴 수 있게 되었지요. 아이들은 자연을 느끼는 여행에 더욱 만족했고, 남편과 저는 밤마다 모닥불 앞에서 도란도란 이야기 나누는 시간을 즐겼습니다.

교육비도 줄였습니다. 지금은 큰아이의 영어 수준이 높아지면서 대형 프랜차이즈 학원을 다니고 있지만, 그전까지는 제가 직접 파닉스를 가르쳤습니다. 집에서 어느 정도 영어를 배운 후에, 아이는 시에서 운영하는 글로벌 인재센터에서 월 10만 원가량의 원어민 수업을 받았습니다. 그렇게 수업을 듣고 저렴한 교습소에서 착실히 배운 뒤 대형 학원으로 옮기니 꽤 높은 단계의 수업을 들을 수 있더군요. 대략 2년 치의 학원비를 아낀 셈입니다.

수영은 인근 체육센터를 이용해서 한 달 3만 원으로 마스터 반까지 마무리했습니다. 또한 저학년 시기에는 돌봄교실과 방과 후 수업을 이용해서 다양한 수업을 저렴하게 들을 수 있었어요. 방과 후 수업으로 시작한 플루트는 실력 수준이 높아지면서 콩쿠르 참가를 권유받았고, 그때 개인 레슨을 시작하면서 큰아이는 이후 대학교 부설 예술영재교육기관에도 합격했습니다.

처음부터 비싼 학원비를 내면서 시작할 필요는 없습니다. 부모가 아이에게 기본을 직접 가르치거나 저렴하게 이용 가능한 교육기관에서 기초를 다진 후에 학원을 찾아도 충분합니다. 물론 교육비에 전혀 투자하지 않는 가정도 있습니다. 하지만 저는 제대로 할 줄 아는 운동 하나, 어느 정도 다룰 줄 아는 악기 하나, 웬만한 의사소통이 가능한 외국어 하나는 아이가 살아가는 데 풍요로움을 준다고 생각합니다. 이것은 실제로 아이를 잘 키워 낸 국내외 저명인사들이 강조하는 부분이기도 합니다. 외국처럼 방과 후 동아리가 활성화되어 있다면 더할 나위 없이 좋겠지만, 그렇지 못한 상황이다 보니 사교육의 도움을 빌려 아이에게 운동과 악기라는 평생 선물을 주고 있어요.

대신 초등 시기 공부만큼은 자기주도학습을 시킵니다. 각종 학습지나 월별 이용료를 내야 하는 학습 사이트 등은 이용하지 않고 있어요. 그 돈으로 아이와 문제집을 고르고, 문제집을 풀고 나면 문제집 가격만큼을 특별 용돈으로 주는 방법을 택했습니다. 저는 사교육에 반대하지 않습니다. 그저 아이들이 중·고등학생이 되면 더욱 필요한 수업이 생길 수 있으니, 그때를 위해 아껴두는 것뿐이에요. 지금 형편에서는 충분히 줄일 수 있다고 판단했고, 이왕이면 같은 돈을 더 효율적으로 쓰면 좋으니까요. 이렇게 우리 집에서 줄일 수 있는 부분이 있는지 찾아보고 가족과 충분히 논의해 보기 바랍니다.

제가 줄이지 않는 부분은 부모님께 드리는 용돈과 답례 비용입니다. 저는 이 비용을 '사람 노릇'이라고 부릅니다. 홀로 시골에 계신 시아버님께는 주유비와 고속도로 통행료가 아무리 많이 들어도 찾아뵙고 늘 좋아하시는 음식을 가득 챙겨 갑니다. 일거리가 없어진 친정 부모님께는 아무리 어려운 상황에서도 생활비를 챙겨드렸습니다. 줄일 수 없었던 이유는 단 하나입니다. 부모님 없이는 우리도 없었을 테니까요. 그 이유 하나만으로 살림에 적자가 나더라도 도리를 다했습니다. 내가 갖고 싶은 거, 먹고 싶은 거 하나 포기하지 않으면서 부모님께 드릴 용돈이 없다는 건 핑계입니다. 돈이 아니라 마음이 없는 게 더 솔직한 이유일 겁니다. 아이들은 어른의 거울이라고 하지요. 귀하게 키운 내 자식들은 나를 보고, 나와 똑같이 자라날 것입니다.

지출에서 우선순위를 결정하세요. 단, 그 우선순위에 사람 노릇이 밀려나지 않기를 바랍니다. 우리 부모님들도 열심히 살면 잘살게 될 거라고 믿던 젊은 날이 있었습니다. 미래는 아무도 모릅니다. 우리 세대도 미래에 어찌 살게 될지 확신할 수 없습니다. 더구나 슬프게도 점점 더 세상이 각박해지고 있잖아요. 이런 세상에서 가족끼리라도 보듬고 둥글둥글하게 살면 안 될까요. 저의 작은 바람입니다.

생활비를 아끼는 일반적인 TIP

- 최대한 동네 마트를 이용하세요.
- 대형 마트를 이용하는 경우 정기휴일 하루 전날에 할인상품이 가장 많습니다.
- 미끼 상품만 구매하세요.
- 어차피 사야 할 물건이 있다면 모아서 금액을 맞추고 할인도 함께 받도록 하세요.
- 지역화폐를 이용하세요.
- 버려지는 물건이 없도록 최대한 기한에 맞추어 사용하세요(음식, 화장품, 일회용품 등).
- 안 쓰는 물건 중 돈이 될 만한 것들은 곧바로 판매하여 생활비에 보탭니다.

'똑똑노트' 앱을 이용한 생활비 놓치지 않는 TIP

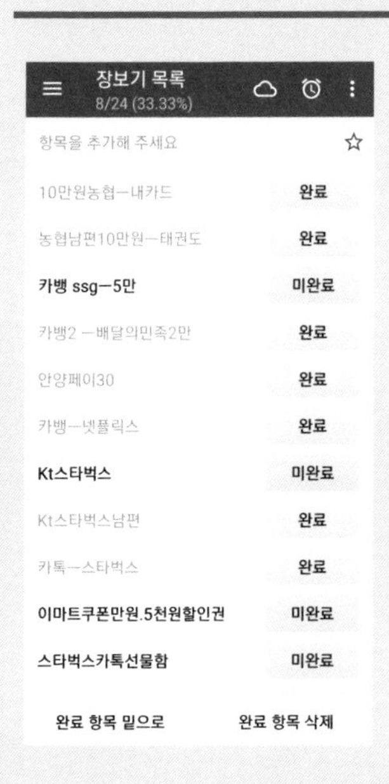

1. 신용카드 및 체크카드사별로 받을 수 있는 혜택을 적어 놓아요.
2. 이벤트와 선물로 받은 쿠폰들도 잊지 않도록 바로 적어 놓아요.
3. 아이들 학원비 아끼는 신용카드는 필수 체크입니다.
4. 한 달에 한 번 받을 수 있는 지역화폐 충전도 놓치지 않아요.
5. 블록방 시간, 미용실 잔액 등도 꼭 챙겨 놓습니다.

돈 관리 TIP

1. 카카오뱅크 및 토스 앱을 통해 신용점수를 수시로 확인하여 혜택을 확인합니다. 특히 신용점수가 좋아졌을 때 금리인하권을 통해 기존 대출금리 인하를 요청합니다.
2. 토스 앱을 사용해서 대출액을 상시 확인하며 대출액이 줄어든 것을 레포트로 받습니다.
3. 은행 계좌는 한 곳으로 정리하여 다른 은행 보기까지 가능하도록 모아 놓습니다. 이렇듯 자신이 보유하고 있는 예금을 한눈에 정리합니다.
4. 토스 앱을 통해서 보유한 카드 종류를 확인하고 실적과 조건이 맞지 않으면 바로 삭제, 탈회 처리합니다.
5. 토스 앱을 통해서 보험 및 자동차, 부동산 시세를 확인하여 나의 자산을 한 달 단위로 점검합니다.
6. 꾸준히 캡처하면서 기간별 자산 변동 및 지출을 줄일 수 있는 부분을 살펴보고 장기적인 돈 관리 계획을 수립합니다.

해외 경제교육 사례 3. 일본

잃어버린 10년에 이어 잃어버린 20년, 이제는 30년 이야기까지 나오고 있는 일본. 일본은 1990년대 초반 '버블경제'로 일컬어지는 경제 위기 이후로 여태 장기불황의 늪에서 벗어나지 못하고 있습니다. 당시 부동산 대출 규제 완화와 저금리 정책에 영향을 받아, 너도나도 대출을 끌어다가 부동산에 투자하는 광풍이 불었습니다. 풀린 돈은 부동산과 주식으로 흘러 들어갔고, 집값이 천정부지로 치솟으며 국민의 불만만 늘어 갔습니다. 이에 일본 정부는 급격한 금리 인상과 무리한 대출 규제 조항으로 대응했고, 온 국민이 참여한 실체 없는 돈놀이는 폭탄 돌리기로 끝나고 말았습니다.

일본 역시 어렸을 때부터 돈에 대해 교육할 필요는 없다는 인식이 팽배했는데, 이런 무지로 인해 결국 경제 불황을 맞았다는 자성의 목소리가 이어지고 있습니다. 일각에서는 기존에 저축만을 강조하던 교육에서 벗어나 투자와 소비, 신용관리 등 전반적인 금융교육을 실시하고자 노력하고 있습니다. 직업체험관을 통해 가상의 돈 체험을 하고, 생활방식 탐구관을 통해 어린이·청소년 경제교육을 진행하는 등 다각도로 노력을 기울이고 있습니다.

하지만 일본의 경우 금융 전산화가 늦게 도입됐을뿐더러, 세계 표준에 맞지 않는 전통적인 일 처리 방식을 고수하여 투자나 금융교육이 쉽지 않은 상황이라고 해요. 일본의 경제교육은 3학년부터 5학년까지 교과 과정 중 사회과의 한 영역으로 이루어지고 있습니다. 절대적인 교육 시간도 부족하고 그 비중도 작습니다. 우리의 교육과정과 비슷하죠.

〈한일 초등 교육과정 개정으로 본 경제교육 내용변화에 관한 연구〉(김수은, 2019)의 논문에 실린 다음의 두 표로 이를 확연히 파악할 수 있습니다. 먼저 일본의 '학년별 교육과정 경제교육 내용요소'입니다.[8]

일본의 학년별 교육과정 경제교육 내용요소

학년	내용	관련경제개념
3	지역 안전을 위한 여러 활동과 지역산업과 소비 생활의 모습, 지역 모습의 변화에 대해 사람들 생활과 관련하여 이해	산업, 소비
4	지역 사람들의 건강과 생활환경을 유지하게 하는 기능 및 활동	
5	국토의 지리적 환경 특색 및 산업의 현상	산업
6	경제 관련 내용이 없음	

다음은 한국의 '학년별 교육과정 경제교육 내용요소'입니다.[9]

한국의 학년별 교육과정 경제교육 내용요소

학년	내용	관련경제개념
3	고장 사람들의 생활모습을 통한 여가와 생산활동	생산
4	자원의 희소성과 경제 활동의 선택의 문제 시장을 중심으로 생산, 소비 등 경제활동 이해 지역간 물자 교환 및 교류를 통한 지역간 경제활동	자원, 희소성 생산, 소비, 시장, 교환
5	국토의 인구변화 및 도시 발달 과정의 특성 산업구조 및 교통발달과정의 특성 탐구	
6	경제 주체의 역할과 우리나라 경제체제의 특징 이해 경제성장 과정의 특징과 문제점 탐구 국제 경제 교류의 필요성	경제체제, 시장, 경제 성장, 국제 경제

고민 상담소 민감한 지출까지 아이와 이야기해야 하는 이유

Q 집에 대출이 많은 것을 아이에게 솔직하게 알려 줘야 할까요?

A 가끔 그런 이야기를 듣습니다. 아이가 사춘기가 되어 공부하기 싫어할 때쯤 일부러 집이 망한 것처럼 연기를 하라고요. 집도 작은 곳으로 옮기고 아이에게 우리 집이 얼마나 어려워졌는지를 이야기하면 아이가 충격을 받고 정말 열심히 공부할 수밖에 없다고 합니다. 무슨 의도인지는 알겠는데, 글쎄요. 저는 이 방법에 반대합니다.

저는 평생을 우리 집이 가난하다는 생각으로 살아온 사람입니다. 스스로 위축될 때도 정말 많았고 가난이라는 사슬에 속박된 듯한 느낌이었습니다. 가난이 부끄럽지는 않았지만, 가난 때문에 제 선택지는 비좁게만 느껴졌어요. 만약 당시에 제가 구체적인 사실을 알았더라면, 즉 우리 집에 얼마의 빚이 있고 어떻게 대출을 갚아 나가고 있는지 알았더라면 그렇게 힘들어하지는 않았을 것 같아요. 막연히 '우리 집은 가난하고 돈이 늘 없다'라고만 알고 있었으니 해결 방법을 찾을 생각도 못 하고 그저 받아들일 수밖에 없었습니다. 참 슬픈 얘기죠.
제 주변에는 저처럼 집안 형편 때문에 꿈을 포기하고 교사나 공무원을 선택한 사람이 꽤 많습니다. 그중 과거를 이야기할 때마다 항상 가난을 함께 떠올리고, 그와 함께 돈에 대한 강한 불신과 부정적인 인식을 마구 드러내는 분도 계세요.

이렇게 어린 시절에 특정 대상에 대해 갖게 되는 인식은 평생을 따라다니며 쉬이 바꿀 수 없는 생각으로 굳어집니다. 돈에 대해 왜곡되고 부정적인 관념을 갖는 것이죠. 저는 아이에게 우리 집이 얼마를 벌고, 어떻게 저축하고, 대출을 어떻게 갚아 나가고 있는지 알려 줘야 한다고 생각합니다. 그래야 돈이 두렵고 무서운 존재가 아니며, 충분히 극복하고 가질 수 있는 것이라 인식하게 되니까요.

물론 저 역시도 막대한 대출로 더 이상 삶을 유지하는 것조차 어렵다고 느낀 시절이 있었습니다. 그때는 아이는커녕 남편에게도 제대로 말할 수 없었어요. 속이 곪은 채로 저 자신조차도 정확한 대출액을 확인하지 않으려고 했던 순간이 있었습니다. 하지만 아이들을 위해서라도 살아남아야겠다고 다짐했고 악착같이 돈을 모아 대출을 갚아 나갔습니다.
하나씩 급한 대출을 정리하고 제1금융권 대출만 남았을 때, 그제야 아이들에게 대출에 대해 이야기했어요. 얼마의 대출이 있는지, 어느 정도의 이자를 내고 있는지, 이것들이 우리 생활비에서 얼마만큼을 차지하고 있는지도 말해 주었습니다. 처음 이야기했을 때 큰아이는 걱정으로 잠을 설쳤습니다. 우리 집이 앞으로 어떻게 될지 걱정하더라고요. 엄마가 100만 원 벌고 있는 줄로 알았던 아이에게는 그 금액이 너무나도 크게 느껴졌을 겁니다. 엄마 아빠의 정확한 수입을 알려 주고 자산과 대출도 정확한 수치로 비교해 주었습니다. 그리고 앞으로 엄마 아빠가 갚을 수 있는 금액과 이후의 투자 방향도 함께 알려 줬습니다. 아이들이 알아듣지 못해도 꾸준히 설명했어요. 거의 월별 결산처럼요. 점점 줄어드는 대출금과 점점 늘어나는 자산도 함께 보여 줬습니다.

아이들은 우리 생각보다 더 잘 알아듣습니다. 대출이 있는 것은 부끄러운 일이 아닙니다. 열심히 살아가려고 선택한 방법일 뿐이에요. 부모의 대출을 감추기보다는 앞으로 어떤 계획으로 살아갈 것인지를 아이들에게 공유해 주세요. 아이들에게 함께 도와달라고도 요청하세요. 우리 집을 마련하려고 은행에서 돈을 빌렸고, 이걸 갚아야 하니 필요 없는 장난감과 몸에 좋지 않은 간식을 줄이자고 말이죠. 아이들에게 이야기하는 순간 지켜야 하는, 지킬 수밖에 없는 약속이 된답니다.

Chapter

5

심화

기부 활동을 통한 자연스러운 경제교육

'아름다운 가게'를 통한 물품 기부

아름다운 가게Beautiful Store라는 곳이 있습니다. 영국의 옥스팜(1942년 그리스 난민을 돕기 위해 결성된 구호 단체)을 본보기로 하여 2002년 출범한 비영리 기구이자 사회적 기업입니다. '나눔과 순환 그리고 시민의 참여'라는 핵심 주제에 걸맞게, 아름다운 가게의 수익금은 제3세계 사람들과 사회적 약자를 위해 쓰이고 있습니다.

아름다운 가게에서는 옷과 책, 가방, 신발, 주방기기, 가전기기, 장식품 등 기증받은 중고 물품을 필요한 사용자에게 판매하며, 여기서 수익금이 발생합니다. 내겐 쓸모없지만 다른 사람에겐 필요한 물건을 기증하면서 환경보호에도 힘을 보태는 매우 유용한 기부 방식이에요.

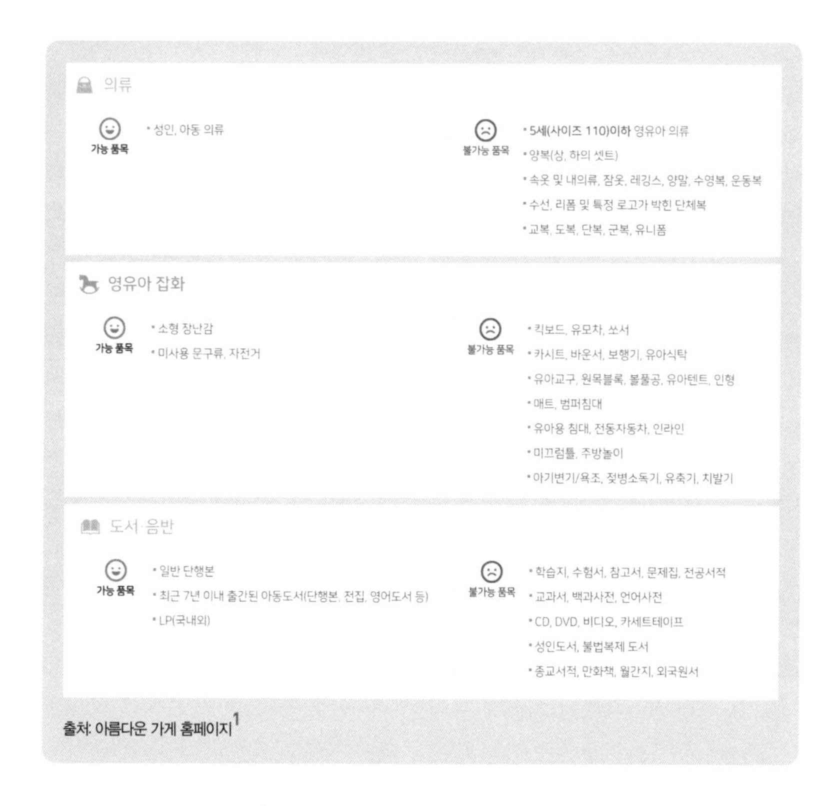

출처: 아름다운 가게 홈페이지[1]

아름다운 가게에 물건을 기부하고 싶다면, 우선 기부 가능 물품을 확인해야 합니다. 기부 가능 품목과 불가능 품목은 내규에 따라 비정기적으로 바뀌는 듯해요. 따라서 기부하기 전에 홈페이지에 들어가서 미리 확인하는 것이 좋습니다. 2021년 2월 기준으로 의류, 영유아 잡화, 도서·음반 기부 가능 품목과 불가능 품목은 위와 같습니다.

기부 방법은 매장 방문과 온라인 수거 접수 방법 두 가지가 있습니다. 매장을 직접 방문하려면 홈페이지 내의 '인근 매장 검색'을 통해

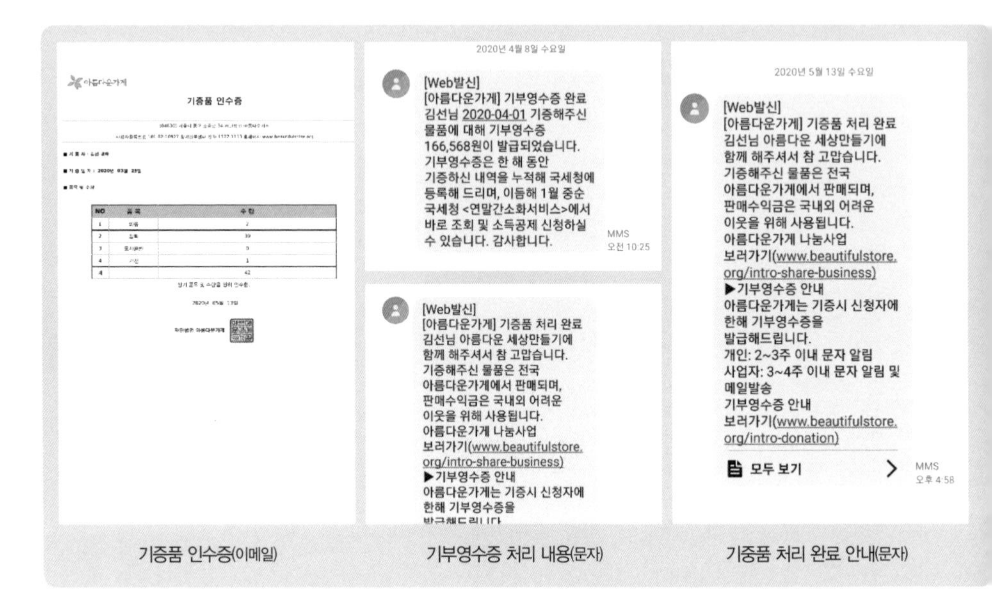

기증품 인수증(이메일) 기부영수증 처리 내용(문자) 기중품 처리 완료 안내(문자)

가까운 매장을 찾으세요. 요즘 같은 시기에는 단축 영업이나 임시 휴업이 잦을 수 있으니, 유선상으로 매장 운영 시간을 확인하여 자칫 헛걸음하지 않도록 합니다. 최근에 저도 평소대로 방문했다가 단축 영업 때문에 허탕을 친 적이 있거든요. 한편, 기증 물품만 받아 주니 물건은 재활용 장바구니를 이용해 운반하세요. 즉, 운반용으로 사용한 박스는 도로 가지고 와야 합니다. 기부 물품 정보를 작성하고 확인한 뒤 인수증을 받으면 기부가 완료됩니다. 기부일 기준으로 2~3주 뒤에는 소득공제 기부영수증이 발급되었다는 문자 메시지를 받을 수 있습니다.

온라인 수거 요청 시에는 기부할 물건이 3박스 이상이어야 합니다. 온라인상에 기부 품목 정보를 입력하고 그릇, 가전제품 등 파손

위험이 있는 품목들은 깨지지 않게 포장합니다. 박스나 봉투, 쇼핑백 등에 담아 성인 1명이 운반하기 쉽도록 정리해야 해요. 방문 희망일과 기부영수증 발급 여부도 선택할 수 있습니다.

황윤정 작가의 《버리면 버릴수록 행복해졌다》를 읽고, 저는 기부가 거창한 것이 아니란 생각을 하게 되었습니다.[2] 내게는 필요 없지만 누군가에게는 필요한 물건을 나누는 것으로도 기부를 시작할 수 있더군요. 매년 새 학기가 시작될 때마다 새 학용품과 장난감이 늘어나고, 쓰다 지루해지거나 쓸모없어진 것들에는 손이 잘 가지 않기 마련입니다. 자리만 차지하고 있는 아이 물건과 집안 곳곳의 살림들을 주기적으로 정리해 보는 건 어떨까요? 함께 정리하고 분류하면서 아이들에게 나눔의 기쁨도 느끼게 하고요.

한편, 아름다운 가게 외에도 다음과 같은 기부 단체들이 있습니다.

- 유기견에게 이불을 제공하는 유기견 보호소
- 취약계층 여자아이들에게 생리대를 지원하는 지파운데이션[3]
- 탈북아동을 돌보는 '탈북아동 그룹홈' 우리집
- 미혼모의 자립을 후원하는 사단법인 그루맘[4]

이곳들은 물품 및 지원금으로 기부가 가능하며, 부모로서 또 사회 구성원으로서 우리 주변을 돌아보는 계기를 마련해 줄 것입니다.

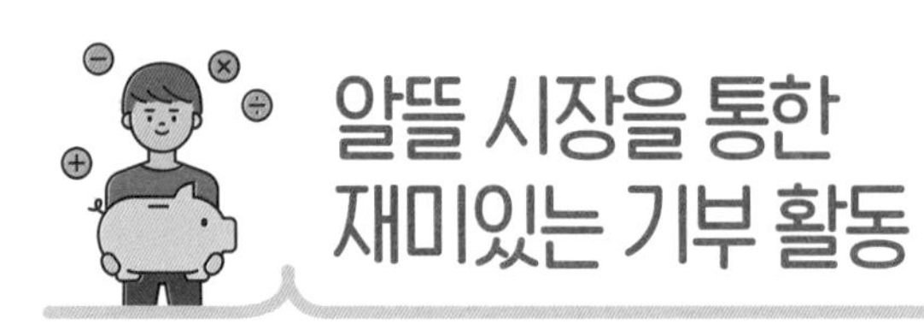

알뜰 시장을 통한 재미있는 기부 활동

초등학교 3학년 도덕 교과에는 '아나바다'가 등장합니다. 아나바다 운동은 많은 사람이 익히 알고 있듯, '아껴 쓰고 나눠 쓰고 바꿔 쓰고 다시 쓰자'의 약자입니다. 이에 따라 아이들은 자신에게는 필요 없지만 다른 친구들은 사용할 만한 물건들을 직접 교환하거나 판매하는 경험을 해 볼 수 있습니다. 1~2학년 시기에는 시장놀이를 통해서 알뜰 시장을 경험합니다. 예전에는 학교에서 직접 현금으로 물건을 사고파는 경험을 할 수 있었지만, 점점 현금을 사용하는 것이 불편해지면서 이제는 판매보다 교환으로 지도가 많이 이루어지고 있습니다(사실 아이들은 현금으로 사고팔 때 훨씬 더 흥미를 보이는 경향이 있긴 합니다).

몇 년 전 유네스코학교 운영의 일환으로 레인보우 프로젝트를 진행하며 경제 파트 운영을 맡은 적이 있었습니다. 이때 전교생을 대상으로 알뜰 시장을 개최했어요. 아이들은 집에서 필요 없는 물건을 3개까지 가지고 올 수 있고, 담임선생님들은 가져온 물건의 개수만큼 다른 물건을 살 수 있는 쿠폰을 아이들에게 제공했습니다. 판매 물건과 별도로 기부도 받았는데, 기부 물건 하나당 물건을 구매할 수 있는 쿠폰 하나를 주었어요. 기부로 받은 쿠폰과 현금을 함께 내야 물건을 구매할 수 있도록 했습니다.

아이들은 현금을 1,000원까지 사용할 수 있고, 물건은 최대 300원에 팔 수 있었습니다. 알뜰 시장은 두 타임으로 나누어 운영했는데, 첫 타임에는 홀수 학년이 운동장에 돗자리를 펴고 짝수 학년이 직접 물건을 사게 했습니다. 다음 타임에는 짝수 학년이 물건을 팔고 홀수 학년이 구입할 기회를 주었어요. 전교생이 모여 열중하는 모습은 그야말로 장관이었습니다. 여기저기서 물건을 홍보하고 가격 흥정이 이뤄졌습니다.

알뜰 시장 참가자 모두는 100원씩 의무적으로 기부하기로 했습니다. 희망하는 경우 의무 기부금 외에 수익금도 기부를 받았어요. 이로써 아이들은 자신에게 불필요한 물건을 필요한 물건으로 교환하고 수익금까지 기부하는 일석이조의 경제 경험을 쌓을 수 있었습니다. 기부금은 양로원에 정식으로 전달하였고, 양로원에서 보내준 감사 편지는 조회 시간을 통해 아이들에게 공유했습니다.

학교에서 경험하는 알뜰 시장 외에 지자체에서 운영하는 벼룩시장에 참가하는 것도 좋은 방법입니다. 제가 사는 지역에서는 중앙공원에서 주말마다 나눔 장터가 열렸습니다. 나눔 장터에는 부모와 함께 나와 물건을 파는 아이들이 많았어요. 딱지, 팽이, 만화책, 가방, 옷 등 아이가 더 이상 사용하지 않는 물건들이 주로 눈에 띄었습니다. 생생한 경제교육을 체험하고 있는 아이들이었지요. 이런 경험을 해보면 물건이 팔리지 않을 때의 속상함도, 가지고 나온 물건을 전부 팔고 집에 돌아갈 때의 후련함도 느낍니다. 중고 물품은 생각보다 훨씬 저렴한 가격에 내놓아야 팔린다는 것도 배우게 되고요.

최근 대면 활동이 어려워진 후로는 온라인 알뜰 시장을 활발하게 이용하고 있습니다. 바로 당근마켓이에요. 당근마켓은 동네 이웃끼리 직거래로 빠르게 거래할 수 있다는 장점 덕분에 최근 몇 년 사이 무섭게 치고 올라온 중고 거래 플랫폼입니다. 기존 중고 거래는 택배 발송의 번거로움과 사기를 당할지도 모른다는 불안함이 있었지만, 당근마켓은 직접 얼굴을 보고 거래할 수 있으니 부담이 없습니다. 슬리퍼를 신고 만나는 진정한 '슬세권' 알뜰 시장인 셈입니다. 코로나 이전의 일상을 되찾고 활발히 운영되는 나눔 장터에 참여하면 더없이 좋겠지만, 당분간은 당근마켓도 아이들과 함께 활용하면 좋을 알뜰 시장인 건 분명합니다.

국내외 기부단체를 통한 정기 후원

어느 날 아이가 학교에서 어떤 영상을 보고 왔다며, 그 영상에 나온 친구에게 편지를 쓰겠다고 합니다. 그러더니 부모님의 후원 신청서를 함께 작성해달라고 하네요. 바로 학교와 굿네이버스가 함께하는 '희망 편지쓰기대회' 이야기입니다. 때마침 후원처를 찾고 있던 사람들이 이 기회를 통해 정기 기부를 시작하는 경우가 적지 않았습니다.

정기 기부를 마음먹고도 선뜻 시작하지 못하는 것은 기부단체를 결정하기가 어렵기 때문일 겁니다. 우리나라에 존재하는 기부단체 중에 국세청 공인법인으로 등록된 곳만 헤아려 봐도 수천 개가 넘는다니, 결코 만만한 일은 아닙니다. 기부단체 현황은 '1365 기부포털'에서 확인할 수 있는데요.[5] 국제구제, 재난구휼, 자선, 교육문화과학, 경제, 환경보전, 권익신장, 보건복지, 국제교류협력, 시민참여, 기타로 분류되어 있어서 그중에서 기부하고 싶은 분야를 선택하여 단체를 살펴보기 좋습니다.

기부단체를 선택할 때는 본인의 자금 상황과 기부하고픈 대상을 고려해야 합니다. 예를 들어, 아이들에게 도움을 주고 싶다면 국내 아동 후원과 해외 아동 후원 중에 선택하고, 그다음 정기 후원과 일시 후원 중 살림살이에 맞게 선택하는 것이죠. 제가 후원을 하면서 느낀 것은 두 가지입니다. 첫째는 기부단체를 믿고 후원할 것, 둘째는 후원을 시작하면 중단하지 말 것입니다.

아이들을 돕고 싶었던 저는 '세이브 더 칠드런'을 선택했습니다. 치킨 한 번 사 먹을 돈을 아껴서 제3세계 아동을 돕자는 단순한 마음으로 선뜻 시작했어요. 해외결연 후원자가 되어 후원하는 아동에게서 직접 편지도 받으며 보람을 느꼈습니다. 그러다 제 형편이 너무 어려워지고 나니 후원이 버겁게만 느껴지더군요. 당장 카드값도 부족한데 남을 돕는다는 게 사치로 느껴졌습니다. 그렇게 너무 미안하게도, 후원을 중단하고 말았습니다.

마음 한편에 자리 잡은 죄책감과 미안함은 몇 년이 지나도록 사라지지 않았습니다. 결국 후원단체를 통해 제가 결연했던 아이를 다시 찾았지만, 그 아이에게는 더 이상 후원할 수 없다는 답변을 받았습니다. 후원이 중단되면 아이의 생계가 어려워져서 곧바로 다른 후원자를 찾아 연계한다고 하더라고요. 어쩔 수 없이 다른 아이를 후원하게 되었는데, 아직도 처음 결연을 맺은 아이에게 미안함이 가득합니다. 이때 한 번 결연을 시작했다면 절대 끊지 않으리라 다짐했습니다.

그 외에도 특정 웹사이트를 통한 기부도 있습니다. 우선 네이버의 '해피빈'을 통해 자신이 원하는 단체에 후원할 수 있는데요. 여기에 기부하면 기부 금액의 10%를 네이버 페이 포인트로 적립해 주니, 타인뿐만 아니라 본인에게도 여러모로 도움이 될 수 있습니다.[6]

또한 재능 역시 기부할 수 있는데요. 바로, 자신의 재능을 통해 누군가를 돕는 재능 기부입니다. 일종의 자아실현을 위한 방법으로도 볼 수 있겠지요? 다시 말하면, 남을 돕는 건 물론이고 자신의 성취감까지 이룰 수 있다는 것이 재능 기부의 가장 큰 장점입니다. 만약 경력 단절로 막막함을 느끼고 있는 분이라면, 처음에는 자신의 시간과 재능을 기부하는 것으로 시작하다가 이후 자아실현까지 펼치는 기회로 삼으면 좋을 것 같습니다.

이렇듯 다양한 기부 활동을 통해 '당신의 작은 도움이 누군가에겐 기적이 됩니다'라는 말이 사실임을 경험할 수 있을 거예요.

봉사활동과 재능 나눔을 통한 기부 경험 쌓기

모든 것이 풍요로운 요즘 아이들은 원하는 것을 쉽게 얻고 힘든 일은 하지 않아도 됩니다. 아무리 부모님이 어려웠던 시절을 이야기하고, 도움이 절실한 구호 단체 광고를 보아도 아이들은 크게 동요하지 않아요. 문제는 많은 것을 당연하게 갖고 있으니 감사함을 모른다는 것입니다. 주어진 것들에 감사하며 자란 아이는 부모님에게 고마움을 느낄 줄 알고, 자신이 가진 것들을 나누며 자신의 존재를 인식할 줄 아는 존재로 자라납니다.

아이가 세상에 나눔을 실천하는 방법은 다양합니다. 우선 자신의 시간을 들여 노동을 통해 기부하는 방법이 있어요. 어릴 때부터 부모님을 따라서 고아원과 양로원에서 봉사활동을 하고, 집짓기 봉사에 참여하는 아이들도 있습니다. 연탄 나르기 봉사도 있고 유기견 보호소를 찾아 유기견들과 놀아 주고 청소를 도울 수도 있습니다. 환경에 관심이 많은 아이라면, 해변의 쓰레기를 줍는 봉사를 할 수도 있어요. 한 번 상상해 보세요. 이런 봉사를 마치고 난 아이의 마음이 얼마나 뿌듯할지를요. 이러한 경험들은 아이가 바르게 자라나는 데 커다란 기반이 되어 줄 것입니다.

또 다른 방법은 앞서 언급한 재능 기부입니다. 즉 아이의 재능을 활용하여 누군가를 돕는 기부 활동을 하는 것입니다. 실제로 악기를 다룰 줄 아는 아이는 연주회 봉사를 다닙니다. 초등학생 때부터 기관 행사나 축제에도 참여할 수 있어요. 봉사를 다니며 세상을 보는 또 다른 눈이 열릴 것입니다.

출처: 1365 자원봉사포털 홈페이지

이처럼 자신의 돈과 시간, 재능을 나누며 내가 가진 현재에 감사하고 자존감과 소속감을 크게 높일 수 있습니다. 아이의 봉사를 경험에 그치지 않고 의미 있게 기록하고 싶다면 '1365 자원봉사포털'을 활용하면 좋습니다.[7] 해당 사이트에서는 모집 중인 봉사활동을 조회할 수 있는데, 여기에서 개인 봉사와 청소년 봉사를 구분하여 확인할 수 있습니다. 이를 통해 봉사활동을 한 경우에는 학교 생활기록부에도 기재됩니다.

우리가 생각하는 것보다 훨씬 더 많은 곳에서 우리의 도움을 필요로 합니다. 자그마한 고사리손도 환영하는 곳이 많아요. 함께 사이트를 살펴보며 아이와 어느 곳에 가서 봉사를 할지 이야기를 나눠 보세요. 이를 통해 아이의 성향과 관심사도 파악할 수 있답니다.

'같이의 가치'를 일깨우는 사회적 경제교육

저 멀리 인도와 파키스탄에는 축구공을 만드는 아이들이 있습니다. 온종일 축구공 가죽 조각에 바느질을 하는 아이들의 손은 굳은살로 딱딱합니다. 아이들이 만드는 축구공은 10만 원이 넘는 금액에 팔리지만, 정작 아이들은 하나당 150원밖에 받지 못합니다.[8] 축구공은 빙산의 일각일 뿐, 국제노동기구에 따르면 2015년 기준 전 세계 5세에서 14세 사이 1억 5천만 명의 어린이들이 아동노동으로 착취를 당하고 있습니다. 학교에서 아이들에게 이 사실을 알려 주면 반응은 둘로 크게 나뉩니다. '우리나라에 태어나서 다행이야', '불쌍해서 돕고 싶다'로요.

우리나라에 태어나서 다행이라는 아이들에게는 무엇보다 공감을 가르쳐야 합니다. 남의 불행과 나의 처지를 비교하는 식의 사고방식은 지양해야 하며, 누군가를 위해 또 다른 누군가가 희생하고 불행해지는 상황은 옳지 않다는 것을 알려 줘야 해요. 요즘은 이전 세대보다 다양한 사회문제가 발생하고 있고 빈부 격차도 갈수록 커지는 실정입니다. 급속도로 변해 가는 세상에서 누구든 한 번 삐끗하면 회복하지 못하고 사회적 약자가 될 수 있습니다. 지금 우리에게는 실패를 극복할 수 있는 사회적 시스템이 필요합니다. 어쩌면 스스로 다시 일어날 의지나 힘보다 더 필요한 것일지도 모릅니다.

전인구 교사의 《경제교육 프로젝트》에서는 아이들이 우리 주변에서 일어나는 여러 가지 사회문제에 관심을 가지고 해결해 나가려는 의지를 가져야 한다고 말합니다. 지금까지는 경쟁에서 이기고 혼자만 잘 살아도 되는 세상이었지만 앞으로는 협력과 배려, 균형을 통해 함께 생존해야 하는 세상이기 때문입니다. 이를 위해 학교에서 사회적 경제에 대한 이해를 도와야 한다고 이야기합니다.[9]

실제 일부 중·고등학교에서는 학교협동조합을 결성하여 학교, 학생, 학부모, 지역사회가 함께하는 공동체 문화를 만들어 냈습니다. 아이들은 5천 원 이상의 출자금을 내고 학교협동조합의 조합원이 될 수 있습니다. 조합원이 되면 학교를 위해 다양한 의견을 낼 수 있고, 아이디어들을 현실화할 수 있습니다. 실제 친환경 먹을거리를 판매하는 매점을 설립해 운영하고, 매점 수익금을 학생 복지를 위해 사용하는 학교협동조합도 있어요. 위탁 운영되는 일반 매점과 다르게 불량식품이나 탄산음료는 취급하지 않고, 경제적으로 어려운 친구들이 매점을 이용할 수 있는 방안을 구상하며 나눔을 실천하고 있습니다. 바자회를 통해 기증받은 중고 물품들과 자신의 재능을 이용해 만든 물품들을 직접 촬영하고 판매까지 합니다. 물론 그 수익금은 학생 복지나 다른 필요한 곳에 사용하고요. 생생하게 살아 있는 경제교육을 받으며 사회적 경제의 가치와 의미를 완벽하게 습득하는 것입니다.

한편, 저는 2013년 한국유네스코위원회와 경기도교육청이 평화교육 양해각서MOU를 맺으면서 유네스코학교 활동에 적극적으로 참여한 바 있습니다. 이 경험으로 지속가능개발교육(ESD)을 접하면서 공정무역, 착한 커피, 착한 초콜릿에 관심을 갖고 주변에 꾸준히 안내하였습니다. 공정무역은 가난한 나라의 생산자들에게 합당한 가치를 지불하고자 만들어진 운동입니다. 커피를 예로 들자면, 커피 한 잔 가격 중 커피콩을 수확하고 건조한 농민에게 돌아가는 돈은 불과 1%에 불과하고, 나머지는 중간 유통업자와 판매업자들의 몫이라고 합니다. 그래서 가급적이면 중간 단계 없이 생산자와 소비자를 직접 연결하는, 생산자에게 좀 더 도움이 되는 공정무역 제품을 이용하려 노력합니다.

아이에게 공정무역을 안내할 때는 《나쁜 초콜릿》, 《세계를 바꾸는 착한 초콜릿 이야기》 같은 책이 개념을 이해하는 데 많은 도움이 될 것입니다.[10] '같이의 가치'를 가르쳐 주세요. 진정 미래에 꼭 필요한 인재는 더불어 사는 법을 아는 따뜻한 사람일 것입니다.

심화 학습

우리가 내는 세금의 종류와 규모

태어날 때 내는 주민세부터 죽고 나서 내는 상속세까지, 그사이에 너무나도 많은 세금이 있지요. 사실 우리가 소비하는 모든 것들에 세금이 붙습니다. 세금이란 국가 또는 지방자치단체가 경비 마련을 위해 국민이나 주민으로부터 강제로 거두어들이는 돈을 말합니다. 따라서 국세와 지방세로 나누어지지요. 이 세금들을 가지고 나라에서는 살림을 운영합니다. 그렇다면 우리나라에는 어떤 세금이 있는지 살펴볼까요.

세금은 크게 나라의 세금인 국세와 지방자치단체의 살림인 지방세로 나뉩니다. 국세의 경우 내국인이 내는 내국세와 국경을 통과해 내는 관세로 나눌 수 있습니다. 우리가 주로 내는 세금은 내국세에 해당하지요. 여기에서 더 분류하면 일반적인 나라 살림을 위한 세금을 보통세라고 하고, 특별한 용도가 있는 세금은 목적세라고 합니다. 목적세에는 교육발전을 위한 세금인 교육세, 환경과 교통 등에 쓰이는 교통·에너지·환경세, 농어촌 발전을 위한 농어촌특별세가 있습니다.

보통세는 직접세와 간접세로 나뉘는데, 세금을 납부하고 부담하는 사람이 일치하면 직접세이고, 그렇지 않으면 간접세입니다. 예를 들어 소득세, 법인세, 종합부동산세, 상속세, 증여세와 같이 자신의 이름으로 직접 세금을 내는 세금은 직접세에 해당합니다. 그러나 물건을 사고팔 때 부과되는 부가가치세, 보석이나 자동차 등을 살 때 내는 개별소비세, 술에 대한 주세, 증권을 팔 때 내는 증권거래세, 증서를 작성할 때 내는 인지세 등은 간접세입니다. 즉, 간접세는 판매자가 소비자로부터 받은 세금을 나라에 대신 납부하는 방식으로 이루어집니다.

우리나라 세금의 종류-국세

출처: 어린이국세청

우리나라 세금의 종류-지방세

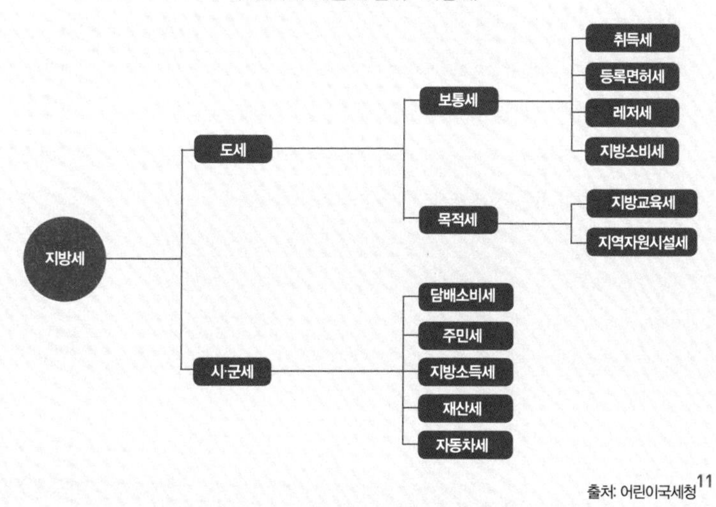

출처: 어린이국세청[11]

지방세의 경우는 크게 도세와 시·군세로 나눌 수 있습니다. 도세란 도에서 부과하고 징수하는 세금을 말합니다. 최근 다주택자에게 12%로 상향하여 논란을 불러온 취득세, 각종 면허에 해당하는 등록면허세, 경마와 관련한 레저세, 부가가치세의 일부가 전환된 지방소비세가 도세 중 보통세에 해당합니다. 또한 특별한 용도가 있는 지방교육세와 오물처리에 관한 지역자원시설세는 도세 중 목적세로 분류됩니다. 시·군세에는 담배소비세, 주민세, 지방소득세, 재산세, 자동차세가 포함되어 있습니다.

이러한 세금들은 해당 기관에 맞추어 납부하는 방식으로 이루어집니다. 간혹 세금 상담을 할 때 세무공무원이 자신의 영역이 아니라 모른다고 하는 것도 이해할 만합니다. 세금 분야가 여러 갈래로 나뉘어 있고, 계산하는 법도 복잡하기 때문이죠.

학교에서 아이들이 전기와 물을 함부로 쓸 때 이 모든 것을 부모님이 낸 세금으로 채운다고 말하면 아이들은 깜짝 놀라고는 합니다. 지금도 내야 할 세금이 많다고 불평이 나오기는 하지만 우리 아이들이 살아갈 미래의 세상에서는 복지국가로 나아가기 위해 사람들은 더 많은 세금을 내게 될 것입니다. 점점 더 투명해지는 국세청의 시스템으로 인하여 탈세는 꿈도 꿀 수 없지요. 결국 투명하고 정당하게 세금을 내는 자세가 필요합니다. '투명 지갑'이라는 말이 있지요. 우리가 사용하는 모든 것에 대한 세금은 이미 국가에서 다 알고 있습니다. 따라서 탈세가 아닌 절세를 할 수 있도록 해야 합니다.

합법적인 절세 TIP

- 연말정산을 위한 공제 내역과 자녀 세액 공제 내역 등을 알뜰히 챙깁니다.
- 저축과 보험도 세금 혜택을 누릴 수 있도록 설계합니다.
- 사업자 및 법인 전환을 통한 세금 도약을 추진합니다.
- 미리미리 자녀에게 해당 금액만큼 증여합니다.
- 부동산은 금액대별 취득세와 양도세 세율이 비정기적으로 변동되므로 사고팔 때 꼼꼼한 확인이 필요하며, 금액이 크다면 세무사와 절세 방법을 상담하는 것이 좋습니다.

부모가 먼저 기부에 나서기 힘들다면

Q 선생님, 기부가 좋은 건 알아요. 하지만 늘 사는 게 빠듯하다 보니 선뜻 기부하기가 어려워요.

A 저도 그래요. 만 원으로 하루 살기를 하면서 긴축 재정을 펴는 가정도 많은 상황이지요. 저도 만 원 한 장이 아쉬울 때는 결국 기부를 포기하기도 했습니다. 이땐 미안함을 넘어서 죄책감을 느꼈습니다. 모르면 몰랐지, 이 현실을 알면서도 외면한다는 게 너무 고통스러웠어요.

한동안 후원하던 아이의 모습이 눈앞에 아른거렸습니다. 내 아이들은 좋은 나라에 태어나서 최소한 굶지는 않는데, 그 아이들은 굶어 죽는 걱정을 하고 있으니까요. 그래서 아이들이 굶어 죽지 않게, 인간으로서 최소한의 존엄은 지킬 수 있게 돕기로 다시 마음을 다잡았습니다.

제 기부는 어떤 정치적인 이념이나 종교적인 신념에 의한 것이 아니었어요. 단지 지금 내 상황이 그들보다 조금 나으니 조금씩 나누는 것에서부터 시작하자는 마음에서였습니다. 누구를 돕는 마음을 반드시 돈으로 표현해야 하는 것도 아니에요. 앞서 살펴본 것처럼 물품 기증도 훌륭한 수단이고, 재능 나눔도 좋은 방법입니다.

미니멀라이프를 추구하며 물품 기부로 생활의 편의와 마음의 안정을 얻은 학부모들이 주변에 많답니다. 경제적 여건과 시간이 허락하지 않는다면 물건 기부만으로도 심리적으로 편안해집니다.

이후 아이들이 커 가는 가운데 부모로서 공허함이나 괜한 의구심이 든다면, 그때는 나의 시간과 에너지를 기부해 보세요. 이를 통해 얻는 만족감도 무척 커서 우울증을 극복한 학부모님들이 꽤 있습니다. 늘 너무 바쁘게 살아왔지만 다른 사람을 위해 기부하면서 비로소 소속감을 느낄 수 있게 된 것입니다. 너무 어려우면 무리하지는 마세요. 기부하고픈 마음을 가지고 있다는 것만으로도 언젠가 이를 실천할 문이 활짝 열려 있는 셈이니까요.

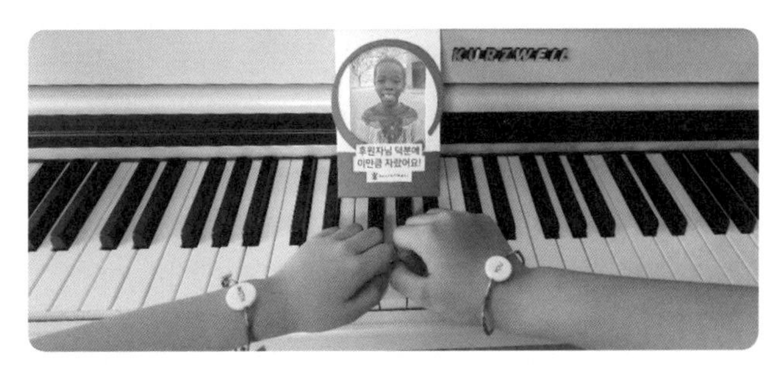

정기적으로 받는 결연 아동 소식

Chapter

6

최상위

우리 아이의 슬기로운 첫 투자

미래 가치에 투자하는 방법, 주식으로 알려 주기

얼마 전까지도 우리나라에서 주식 투자는 투기와 다를 바 없다고 인식하는 사람이 많았습니다. 그러다 최근 들어 인식이 크게 개선되었습니다. 금융투자협회에 따르면, 2020년 3월 3천만 개를 넘어선 주식거래 활동계좌 수는 2021년 3월 19일 4천만 개를 돌파했습니다. 무려 1년 만에 천만 개가 늘어난 것입니다.

2020년 초 코로나 사태로 외국인 투자자들이 대거 매도로 돌아서며 주식이 급락하기 시작했는데, 이 물량을 개인 투자자들, 일명 '개미 투자자'들이 맞서 적극적으로 받아내면서 '동학개미운동'이라는 신조어까지 탄생했습니다. 과거와 다르게 국내 기업에 대한 애정과 우리나라 주식시장에 대한 믿음이 영향을 끼치지 않았나 싶습니다. 당시 우리 반 아이 몇몇도 부모님이 삼성전자 주식을 사 주셨다며 자랑했습니다.

이미 주식 투자를 하고 있는 학부모가 많겠지만, 아이 주식 투자는 성인의 투자와는 다른 개념으로 접근해야 합니다. 단타 매매로 당장 수익을 얻으려 하지 말고, 10년, 20년 후 아이가 성인이 되어서도 건실할 기업을 찾고, 그 미래 가치에 장기 투자한다는 관점으로 살펴봐야 해요. 《엄마, 주식 사주세요》의 저자 존 리도 사교육의 늪에서 빠져나와 그 돈으로 아이에게 주식을 사 주라고 말합니다. 엄마가 부자가 되어야 아이도 부자가 될 수 있는데, 엄마가 부자 되는 법은 주식이 답이라고 하지요. 또한 주식 투자는 기술이 아니라 꾸준히 모으는 것이라고 강조합니다. 자신이 투자한 기업이 좋은 수익을 내고 있다면 일시적으로 주가가 떨어져도 걱정할 필요가 없습니다. 좋은 기업의 주식을 흔들림 없이 보유하는 것, 이것이야말로 훌륭한 투자자가 되는 확실하고 유일한 방법이라고 이야기합니다.[1]

아이와 주식에 관한 이야기를 나누면 무엇이 좋을까요. 우선은 아이들이 기업을 보는 눈을 키울 수 있습니다. 막연히 좋아하는 휴대폰, 좋아하는 연예인을 넘어서 그 뒤를 지키고 있는 기업을 알 수 있게 되지요. 또한 그 기업에 투자하는 것이 결국 자신이 좋아하는 것을 응원하는 방법임을 알게 됩니다. 팬클럽에 가입해서 응원 댓글을 남기는 것도 좋지만 이렇게 간접적인 후원, 즉 투자도 가능하다는 것을 배웁니다. 관심사가 소비재로서 사라지지 않고 곧바로 투자재로 연결될 수 있습니다.

또한 주식을 통해서 생산, 소비, 투자의 개념을 알 수 있게 됩니다. 기업이 생산하고 개인이 소비하는 구조를 배우는 것이지요. 어떠한 과정으로 기업이 이윤을 남기는지를 알게 되면, 이를 투자로 연결할 수 있습니다. 이 투자는 결국 경제의 선순환을 통해 우리나라 경제 발전에까지 영향을 끼친다는 점도 아이가 배우게 됩니다.

다시 말하자면, 아이를 위해 주식을 하는 것이 아닌 아이와 함께 주식을 해야 합니다. 요샛말로 '벼락 거지'를 면하기 위해 단타로 기업의 주식을 사고팔지 말고, 아이가 좋은 기업을 알아보는 눈을 기르는 연습을 곁에서 도와주는 것입니다.

월급으로만 살기에는 빡빡하다는 것을 우리는 이미 경험으로 알고 있습니다. 우리 아이들은 창의적으로 사업도 하고 재능을 발현하는 '인디펜던트 워커(독립적으로 일하는 사람)'가 되어야 합니다. 샐러리맨으로 살게 된다면, 최소 월급 이외의 부수입을 가질 수 있도록 경제교육을 해 줘야 합니다. 이제 더 이상 미루지 말고 아이 주식 계좌를 만들어 주길 바랍니다.

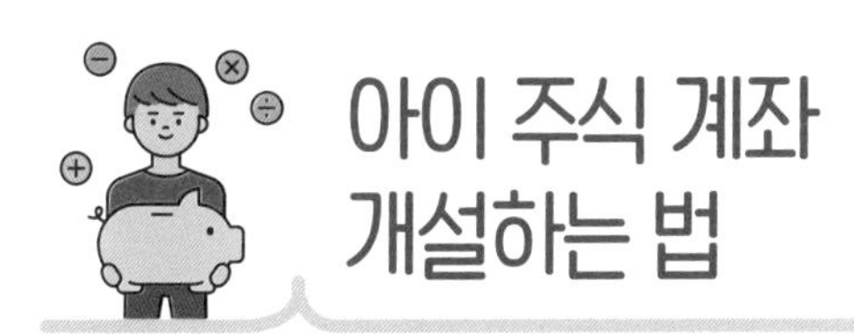

아이 주식 계좌 개설하는 법

자, 이제 주식 투자가 필요하단 것을 알았습니다. 그렇다면 아이 주식 거래 계좌는 어떻게 만들어야 할까요? 앞서 은행 계좌를 개설할 때와 마찬가지로, 만 14세 미만 미성년자의 주식 계좌를 개설하려면 부모가 한 번은 시간을 내서 은행을 방문해야 합니다.

필요한 서류는 주민등록번호가 나온 가족관계증명서 또는 주민등록등본, 아이 앞으로 뗀 상세 기본 증명서, 자녀 명의 도장, 부모의 신분증입니다. 이때 주식 계좌를 연결할 통장이 필요한데요. 앞서 은행에서 개설한 아이 명의의 입출금 통장을 지참하면 됩니다.

저는 아이 입출금 통장과 같은 은행인 신한은행을 선택했습니다. 주식 계좌 개설 시 증권사도 선택할 수 있는데요. 사용이 편리하고 수수료가 적은 증권사를 선택하면 좋겠지요. 주식 거래 시 내는 수수료에는 총 세 가지 종류가 있습니다. 유관기관 수수료(0.003~0.006%), 증권거래세(매도 시 0.25%), 증권사 수수료(0.01~0.2%)가 그것인데요. 증권사별로 비정기적인 행사를 통해 수수료 무료 또는 거래세 한 달 인하 등의 다양한 혜택을 줍니다.

15년간 연속 1위를 달성한 증권사 홈트레이딩 시스템은 키움증권의 '영웅문 S'입니다. 단기 투자자들이 사용하기 적합하게 구성되어 있고, 시스템 장애가 거의 발생하지 않아 선호도가 높은 프로그램입니다. 2019년 소비자평가에서 '좋은 증권사' 1위로 꼽힌 증권사는 미래에셋대우였다고 하네요. 안전성과 건전성에서 1위를 차지하면서 좋은 평가를 받았다고 합니다. 이 두 증권사의 홈트레이딩 시스템을 표로 비교해 놓았으니, 선택에 참고하기 바랍니다.

은행에서 만드는 아이의 주식 계좌는 금융거래 한도 계좌이므로 1일 출금과 이체 한도가 제한됩니다. 인터넷 뱅킹과 ATM의 경우 30만 원이고 은행 방문 시에는 100만 원까지 가능합니다. 따라서 30만 원 이상의 주식을 구입할 때는 직접 은행을 방문해야 합니다.

은행에서 증권계좌거래신청서를 작성하면, 그로부터 5일 이내에 증권사 홈트레이딩 시스템에 등록해야 합니다(이어지는 예시는 키움증권을 통해 계좌를 등록하는 방법임). 우선 증권사 홈페이지에 접속하여 회원가입을 합니다. 은행에서 발급받은 주식 계좌가 있으니 계좌 보유 고객을 선택하여 증권 계좌 번호, 증권 비밀번호 등을 입력합니다. 증권용 공인인증서(코스콤, 무료)도 신규로 발급받습니다.

키움증권, 미래에셋증권 HTS 비교

비고		키움증권 (100만 원 기준)	미래에셋증권 (100만 원 기준)
증권사 수수료	HTS, WTS	매수 시 0.015% (150원)	매수 시 0.029% (290원)
	모바일	매수 시 0.015% (150원)	매수 시 0.015% (150원)
유관기관 수수료		0.0038~0.0066% (38~66원)	
증권거래세		매도 시 0.25% (2,500원)	매도 시 0.25% (2,500원)
사용 편리성		시스템 장애가 거의 없음	지문인식 로그인 지원
비고		개인 투자자 선호도 높음	가족 계좌를 모아 볼 수 있음
사용자 비교		영웅문 S: 141만 명	미래에셋대우 통합 m: 91만 명
앱 첫화면		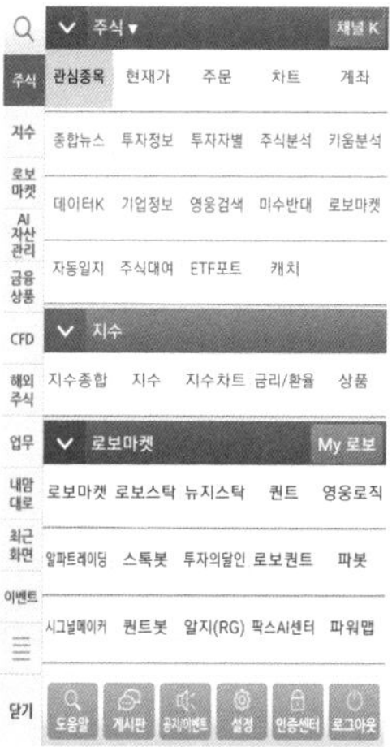	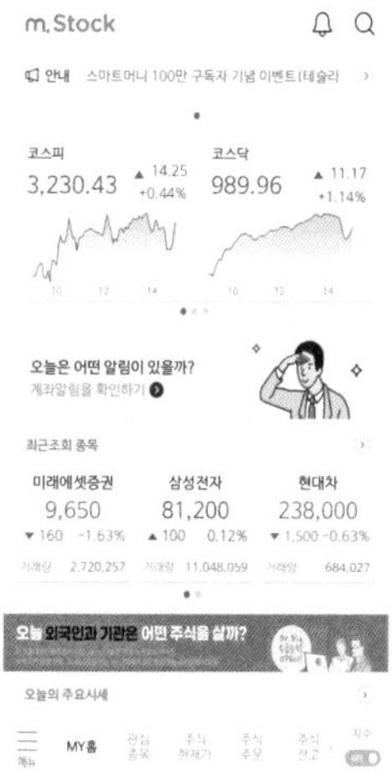

① 회원가입 진행

② 회원가입 완료

③ 공인인증서 신규발급 진행

④ 공인인증서 신규발급 완료

스마트폰으로 거래를 하려면 해당 어플리케이션을 다운로드하고 'PC→스마트폰 인증서 복사' 절차를 완료합니다. 또한 스마트폰 거래를 위해서는 모바일서비스 신청이 필요하며, '온라인 지점→전자금

주식 계좌 모바일서비스 신청하기

① 본인 확인 후 모바일 서비스 신청 완료

② 앱 접속하여 모바일 서비스 확인

융서비스→모바일서비스 신청'을 순서대로 진행하면 됩니다.

해외 주식 투자를 원한다면 국민은행, 우리은행, 기업은행, 하나은행, 신한은행을 이용하세요. 참고로 신한은행에서는 해외 주식 소수점 투자 서비스를 선보이고 있습니다. 한 주당 수백 만 원에 거래되는 미국 주식을 소수점 단위로 나누어 매입 가능한 것인데요. 자녀를 위해 미국 우량 주식을 조금씩 구입할 수 있다는 매력이 있습니다. 아직 국내 주식 거래 시에는 매도 시 증권거래세와 농어촌특별세를 세금으로 내지만, 관계 부처에서 2023년 주식 양도소득세 도입을 검토하고 있으니 참고하면 좋을 듯합니다.

마지막으로, 아이들의 아이디와 비밀번호는 자주 쓰지 않아서 잊기 쉬우니 연결 통장이나 보안카드에 별도로 적어 두면 좋습니다. 저는 모든 금융 사이트의 아이디와 비밀번호를 적어서 한곳에 보관합니다. 단, 보안에 유의하세요!

주식 거래 시 발생하는 수수료에 관한 세 가지 TIP

1. 유관기관비용: 매수·매도 시 한국증권거래소, 예탁결제원에 내는 수수료로 매우 적음
2. 위탁거래수수료: 매수·매도 시 발생하는 증권사 수수료
3. 증권거래세: 주식 매도 시에만 내는 세금. 세율은 0.25%

아이의 주식 투자 시 유의사항

1. 미성년자의 경우 신고기준일 10년 동안 2천만 원 증여가 넘을 때는 반드시 증여세 납부를 해 놓아야 함. 그렇지 않으면 나중에 자녀가 매도 후 인출할 때 증여 처리를 하게 되는데 자칫하면 몇십 배의 세금을 낼 수 있음(3천만 원 어치 주식을 사면서 증여 신고를 하지 않고 몇 년 후 3억 원이 됐다면, 3억에 대한 증여세, 즉 약 4천만 원을 세금으로 내야 함. 만약 3천만 원에 대한 증여세를 제대로 냈다면 100만 원이면 충분했음. 증여세는 원금에만 부과되기 때문).
2. 매달 일정 금액을 불입해서 주식을 모아 가는 경우, 원칙은 불입 시마다 증여세를 신고하는 것임. 현실적으로 어려우니 약정을 체결하고 일정 주기·금액·기간을 산정하여 최초 불입 시 합산액을 신고할 수 있음.
3. 관할 세무서에서 자세한 계산법과 내용을 확인해야 함.
4. 자녀에게 증여한 주식을 부모가 운용하여 차액이 발생하면 원칙적으로 증여세에 포함됨. 타인의 노력으로 자산이 증가했다고 보기 때문임. 반면 주식 가치가 자연스럽게 상승하거나 배당, 이자로 주어지는 것들은 증여세로 보지 않음.
5. 자녀 주식 증여 시 배당 성장주, 우량주, ETF처럼 사고팔지 않는 장기 투자를 선택해야 함.

똑똑하게 증여하는 방법

2020년 9월 23일자 연합뉴스에 의하면, 미성년자 대상 증여 재산이 4년 만에 몇 배로 늘어나 연간 1조 3천억 원에 육박했다고 합니다.[2] 건수로는 92%가, 재산액으로는 113%가 늘어난 금액이라고 하네요. 그중 금융자산 1조 3,907억 원, 토지·건물 1조 3,738억 원, 유가증권 1조 632억 원으로 집계되었다고 합니다. 특히 건물 증여액은 4년 동안 636억 원에서 1,921억 원으로 202% 급증하면서 자녀에게로 부동산 증여가 확대되는 추세를 그대로 보여 줍니다. 태어나자마자 '억대 금수저'가 되는 아이들도 많은 것입니다.

부자들은 탈세가 아닌 절세를 위해 미리부터 자녀에게 증여를 해왔고, 지금도 하고 있습니다. 증여를 남의 일로만 여기는 지금, 안타깝게도 아이들의 출발선이 달라지고 있습니다. 가능하다면 생활비와 교육비를 줄여서라도 아이들의 출발선을 조금 더 좋은 곳으로 바꾸는 것은 어떨까요? 이때 비과세 혜택을 챙기면서 아이의 출발선을 옮길 수 있다면 그야말로 일석이조의 효과를 얻는 셈입니다.

우선 증여란, 직간접적인 방법으로 타인에게 무상으로 재산을 주거나 재산 가치를 증가시키는 모든 것을 말합니다. 다시 말해, 누군가로부터 대가 없이 받는 재화는 모두 증여입니다. 증여는 재산 소유자가 사망하여 법에 따라 친족이 승계하는 상속과는 다릅니다. 증여는 살아 있는 사람끼리 이루어지며 타인에게도 가능합니다. 상속은 4촌 이내의 방계혈족(삼촌, 외삼촌, 고모, 이모)까지만 가능하지요. 하지만 상속과 증여 모두 본인의 노력 없이 취득하는 재산이므로 이에 맞춰 세금이 부과됩니다.

다음의 표를 살펴보면 직계존비속의 경우 비과세 증여액은 5천만 원, 미성년자의 경우 2천만 원까지 가능합니다. 우리나라에서는 만 19세를 미성년자와 성년자로 구분하고 비과세 증여는 10년마다 가능합니다. 그러니 아이가 태어날 때 2천만 원, 만 10세가 되는 해

증여 관계별 공제액 비교

증여자(증여하는 사람)	수증자(증여받는 사람)	공제액
배우자간 증여		6억 원
직계존속 예) 조부모, 외조부모, 부모	직계비속 예) 아들, 딸, 손자, 손녀	5천만 원 미성년자 2천만 원
직계비속	직계존속	5천만 원
기타 친족간 증여		1천만 원

에 2천만 원, 만 20세가 되는 해에 5천만 원을 증여하면 비과세로 인정받게 됩니다. 이렇게 10년마다 증여를 받은 아이는 성년이 되는 시점에 9천만 원이라는 종잣돈을 가지고 사회생활을 시작할 수 있습니다.

부담부증여(배우자나 자녀에게 부동산 등 재산을 사전에 증여·양도할 때 전세보증금이나 주택담보대출 등과 같은 부채를 포함하여 물려주는 것)가 이루어지는 경우, 전체 금액에서 부채를 제외한 금액이 증여세로 계산됩니다. 이때 유의할 사항은 채무액만큼 증여자에게 양도소득세가 발생한다는 점입니다.

증여 총 금액 - 부채 부분 = 증여세
증여 총 금액 - 증여 부분 = 양도소득세

따라서 금액이 큰 증여의 경우는 반드시 세무사와 상담하여 더 효과적인 절세 방법을 찾는 것이 유리합니다. 또한 부동산의 경우 세금 정책이 여러 번 바뀌니 특히 주의해야 합니다.

아울러 증여세의 경우는 증여받은 달의 말일부터 3개월 이내에 신고해야 합니다. 신고 방법에는 주소지 관할 세무서를 통한 신고와 국세청 홈택스 신고가 있습니다. 신고 시 필요한 기본서류는 가족관계증명서, 주민등록등본, 증여계약서입니다. 증여 재산의 분류에 따라 필요한 서류가 늘어날 수 있습니다.

분류	필요서류
예금 등 금융자료	예금 등 이체한 계좌 거래 내역서, 통장 앞면 사본
주식, 채권	주식 계좌, 주권, 채권 실물, 기타 명의변경 사실을 확인할 수 있는 자료 비상장주식의 경우 비상장주식 평가 서류(재무제표, 세무조정계산서)등
차량	차량등록증
부동산	부동산 등기부등본, 토지 및 건축물대장 증여일 전후 3개월 이내에 매매 및 수용사례가 있을 경우 관련 자료 기준시가로 평가한 경우 기준시가 평가 관련 근거 자료
골프회원권, 콘도미니엄회원권	회원권 등 명의변경 입증자료
보험	해당 기관에서 발급받은 보험증권, 보험금 수령자료, 연금보험 자료
기타	기타 증여 재산 평가 관련 입증서류

또한 기간 내 증여세 신고가 이루어지지 않으면 납부세액의 20~40%의 가산세가 부과됩니다. 증여세를 납부하지 않으면 미납일수만큼 미납부세액이 붙고, 여기에 증여세납부불성실 가산세가 추가로 발생하니, 이 점도 눈여겨 살펴봐야 합니다.

증여세 과세표준 및 세율

과세표준	세율	누진공제액 계산 방법
1억 원 이하	10%	과세표준×10%
1억 원 초과 5억 원 이하	20%	과세표준×20%-1천만 원
5억 원 초과 10억 원 이하	30%	과세표준×30%-6천만 원
10억 원 초과 30억 원 이하	40%	과세표준×40%-1억 6천만 원
30억 원 초과	50%	과세표준×50%-4억 6천만 원

1억 원의 재산을 모은 후 자녀가 성년이 되었을 때 자녀에게 일시에 증여한다고 치면, 과세표준 1억 원에서 직계존속 공제액 5천만 원

을 차감한 후 10%인 5백만 원을 납부해야 합니다. 이때 5백만 원은 증여받은 자녀가 그 금액을 납부해야 하며, 자진신고하여 납부하는 경우 3% 공제가 이루어지므로 485만 원을 세금으로 내게 됩니다. 생각보다 증여세가 크지 않다고 느끼는 분들도 있겠지만, 앞서 살펴본 것처럼 10년마다 비과세 혜택을 누리며 증여가 나누어 이루어지면 더 좋겠지요.

아이에게 미리 부동산과 주식을 증여해서 시간의 힘에 올라타면서 비과세 혜택도 누릴 수 있게 해 주세요. 다시 한번 말하지만 아이가 어릴 때 증여세를 납부하면, 이후 주식 가치 상승분에 대해서는 세금이 부과되지 않습니다. 내야 하는 세금은 반드시 내야 하듯이, 챙길 수 있는 혜택은 잘 따져서 꼭 챙기기를 바랍니다.

똑똑하게 증여하는 TIP

1. 증여 재산이 공제액에 미달할 경우 납부해야 하는 증여세는 없으며 신고하지 않아도 별도의 불이익은 없습니다. 하지만 과세에 미달하는 경우라도 증여세 신고 의무는 남아 있기 때문에 3개월 이내에 신고하는 것을 추천합니다.
2. 미성년자는 현금 2천만 원을 이체하고 홈택스에 신고하면 가장 간편하게 끝납니다. 또는 안전하게 2,100만 원을 입금하고 100만 원에 대한 세금이라도 납부하는 게 가장 깔끔한 방법이라고도 해요.
3. 용돈도 엄밀히 따지면 부모로부터 무상으로 받는 증여에 해당합니다. 다만 사회통념상 허용되는 범위에서는 비과세 대상이 됩니다. 용돈을 줬다고 해서 무조건 증여세를 내는 것은 아니에요.
4. 소득이 있는 성인 자녀에게 지급한 용돈은 특별한 경우를 제외하고 대부분 증여세 과세 대상이 됩니다.

보험 가입, 안전하고 똑똑하게

보험은 14세기 그리스 아테네에서 시작되었다고 합니다. 바다를 항해하는 선박들의 주인이 폭풍이나 해적을 만나 큰 손해를 볼 것에 대비해 돈을 모아 두었다가 사고 당사자에게 준 것이 최초의 보험이라고 합니다.

누구든 사는 동안 질병, 사고, 사망, 도난, 화재, 실직 등 갑작스럽게 악재를 경험할 수 있습니다. 이때 큰돈이 들어가면 생활을 유지하기가 어려워져요. 특히나 몸이 아픈데 병원 치료를 할 수 없는 어려운 상황이라면 몸뿐만 아니라 마음도 피폐해질 수 있습니다.

어릴 적 집이 무척 가난할 때에 제 친오빠가 3층에서 떨어지며 머리를 다쳐서 결국 대수술을 하게 되었습니다. 백여 바늘 넘게 꿰매진 머리를 보며 그 없던 시절 의료보험마저 적용되지 않았다면 오빠를 살릴 방법이 없었겠다는 생각이 들었습니다. 진심으로 의료보험체계에 감사합니다. 제 가족을 살려 주었으니까요.

가진 게 없을수록 보험이 필수라는 이야기를 듣습니다. 부자들이야 큰 문제 없이 넘어갈 수 있지만, 없는 사람들은 병원비에 가정 자체가 무너질 수 있으니까요. 문제는 너무 무리하게 보험을 드는 사람들도 있다는 것입니다. 주변에 월급의 반을 보험료를 내는 데 쓰는 분도 있었습니다. 친언니의 갑작스러운 암 진단과 죽음으로 건강에 온 신경을 쓰는 분이었지요. 얼마나 종류가 많던지, 암보험부터 화재보험까지 다양한 보험을 들어 놨습니다. 그 마음이야 이해하지만, 그렇다고 당장 생활이 어려울 정도로 만약의 상황을 대비하는 것은 정상적이지 않습니다.

제 어머니 역시 보험을 많이 들었지만, 막상 혜택을 볼 때는 이것저것 제외되는 대상이 많아 사실상 낸 돈에 비해 혜택은 적었습니다. 저는 실손 보험과 교직원 보험에 모두 가입했다가 보험 정리를 하면서 개인보험은 없앴습니다. 중복 지원이 되지 않고 보장 내역을 보니 큰 차이가 없었기 때문이에요. 저는 보험은 최소한으로 들고 있습니다. 대신 자동차보험과 운전자보험은 보상 금액을 최대로 설정했어요. 그외에도 일상생활보험 같은 경우 아랫집 누수, 문콕 등 당황스러운 일이 생길 때 도움이 되는 유용한 보험입니다.

다시 말하면, 괜히 불안하다는 이유로 여러 보험에 가입할 필요는 없습니다. 보험은 만약을 대비하는 것이니 그에 맞추어 가입하면 됩니다. 여러 앱과 기관에서 나의 현재 보험에 대해 맞춤 설계도 가능하고 따로 가입하지 않아도 보험을 추천해 주고 있습니다. 나에게 부족한 보험 영역이 무엇인지 살펴보고 유전력과 보장받고 싶은 부분에 맞추어 만약을 준비하면 됩니다. 보장 내역이 뭔지도 모르고 그냥 서명만 하고 돈을 내고 있는 건 아닌지 살펴보아야지요.

보험은 주계약과 특약으로 구성되어 있으며, 주계약을 해야만 특약을 할 수가 있습니다. 또한 생명보험사와 손해보험사는 담당하는 보험이 서로 다릅니다. 생명보험의 경우는 사람의 사망 또는 생존을 보험사고로 하는 일체의 보험을 말합니다. 손해보험은 화재보험, 해상보험, 자동차보험 등 보험사고로 인하여 생길 재산상의 손해를 보상하는 것을 말하지요. 예전에는 나뉘어 있다가 요즘은 건강보험, 실손의료비보험, 암보험까지 손해보험에서 진행하기도 합니다.

일반사망보다 재해사망의 확률이 적으니 재해사망에 대한 보험이 상대적으로 가격이 싸고, 일어날 확률이 높은 보험은 보험료가 비싼 편입니다. 따라서 생명보험의 주계약이 비싸지는 것이죠. 주계약에 대한 사망 보험금의 경우 최소한으로 할지, 최대한으로 할지를 먼저 정합니다. 만약 적게 할 거라면 손해보험으로 가입해도 되지요.

이후 한국인 3대 질병인 암, 뇌혈관, 심혈관에 대해 확인합니다. 가족력을 따져 봐서 기준을 정해야 합니다. 아무래도 해당 질병에 걸릴 확률이 높다고 여겨진다면 금액을 높이고, 아니라면 적게 설정하면 되지요. 뇌혈관 질환의 경우는 뇌경색과 뇌출혈을 둘 다 보장해주는지 확인하고 가입합니다. 만약 가족력에 당뇨병이나 뇌졸중이 있는 경우라면 잘 챙겨야 합니다. 나머지는 건강 상태에 따라 알맞게 준비하면 됩니다. 급성 심근경색과 관련해서도 보장 금액을 고려하여 설계할 수 있습니다. 이후 입원비, 수술비, 통원비 등과 관련해서 실비 보장을 원하면 실비보험을 들면 됩니다. 보험사마다 다르니 금액을 확인해 보고 단독 가입도 가능하니 실비보험만 들 수도 있습니다. 이후 보험설계사에게 어느 보험사가 적정한지 부탁하면 됩니다.

대부분의 보험설계사가 여러 보험의 장점을 들려주겠지만, 개인적으로는 자녀 교육보험, 치아보험 등은 들지 않아도 된다고 생각합니다. 예를 들어, 치아보험의 경우 보험료에 비해 혜택이 적고 막상 치아가 다치더라도 목돈을 내겠지만 어느 정도 감당할 수 있기 때문이죠. 그만큼은 매달 적금으로 들어놓는 것이 낫다고 생각합니다. 또한 자녀 교육보험의 경우에도 우리 아이들이 대학 갈 때쯤이면 혜택이 더 많아질 것이 뻔합니다. 자녀 교육보험 대신 그 돈으로 아이 앞으로 적금을 들어놓으면 목돈이 들어갈 때 덜 당황스러울 겁니다. 전하고 싶은 말은 10년, 15년, 20년 뒤까지 대비하는 보험은 들지 않아도 된다는 점입니다.

또한 성조숙 등과 관련해서 성장판 검사 및 보장을 책임지는 내용에서도 굳이 보험을 들지 않아도 된다고 생각합니다. 실제로 여아의 경우는 만 8세 이전, 남아의 경우는 만 9세 이전에 성조숙증 진단을 받았다면 국가에서 이에 대해 지원해 주기 때문입니다. 마지막으로, 학교에서 아이가 다쳤을 경우에도 학교안전공제회에서 보장받을 수 있습니다. 다만 학교안전공제회는 아이가 다쳤을 때를 대비한 최소한의 안전장치이므로 일상배상, 즉 다른 아이를 다치게 하는 경우 등과 관련한 어린이 보장 보험을 드는 것은 추천합니다. 의도치 않게 자녀가 누군가를 다치게 했다면 보상과 관련한 법률 싸움으로 꽤 힘들어지기 때문입니다.

저 또한 약관 글씨가 너무 작고 문구가 어려워서, 그냥 아는 사람을 통해 보험에 가입한 적이 있습니다. 하지만 이제는 좀 더 똑똑하고 안전하게 보험에 가입해야 합니다. 한 번 가입하면 생각보다 오랜 기간 돈을 내야 하니까요. 중간에 해지하는 경우는 막대한 손실로 돌아오지요. 마치 투자에 실패한 것처럼 말입니다. 따라서 최소한으로 최대한의 혜택을 받을 수 있는 보험을 찾으려면 요모조모 꼼꼼하게 비교하고 충분히 알아보는 시간이 필수적입니다.

부자들은 왜 금, 달러에 투자할까?

우리 곁에는 대표적인 안전 자산 두 가지가 있습니다. 바로 금과 달러이지요. 안전 자산이란 가치 변화가 적고 원금이 어느 정도 보장되는, 말 그대로 안정적 자산을 의미합니다. 이 안전 자산도 시세에 따라 값어치가 달라집니다. 최근 금값이 연일 고공행진을 하면서 지인 자녀의 돌잔치에 금반지 하나 주는 것도 쉽지 않아졌습니다. 실제로 금값은 2021년 7월 현재 한 돈(3.75g) 가격이 30만 원에 육박합니다. 예전 금값을 기억하던 사람들은 금이 가장 좋은 투자처였다고 아쉬워하지요.

왜 이렇게 금값이 오르고 있을까요? 이유는 간단합니다. 금의 매장량이 한정적이기 때문입니다. 지구에 존재하는 금은 총 30만 톤이라고 해요. 그중 절반가량인 12만 5천 톤만이 시중에 유통되고 있는데, 원하는 사람은 많고 양은 정해져 있으니 가치가 떨어질 줄을 모르는 것입니다. 워런 버핏도 금 투자에 대해 회의적이었으나 2020년 8월 세계 2위의 캐나다 금광업체 지분을 매입하면서 금 투자가 매력이 있다는 걸 증명했습니다. 이렇듯 금은 오랫동안 우상향하며 꾸준히 인기 있는 투자처로 주목받았습니다.

하지만 막상 금에 투자하려고 보면, 생각보다 계속 등락을 반복하고 있어 선뜻 덤비기가 어렵습니다. 그 이유는 금이 달러 가치에 영향을 많이 받기 때문이에요. 달러 역시 기축통화로 안전한 투자처로 인정받고 있습니다. 그러다 보니 달러 가치가 오를 때는 사람들이 금보다는 달러 투자를 선호하면서 금값이 떨어지게 돼요. 반대로 달러 가치가 떨어지면 금값이 오릅니다.

2016년 미국에서 트럼프 대통령이 당선됐을 당시, 많은 사람이 달러 가치가 떨어지고 금값이 오를 것으로 예측했습니다. 하지만 트럼프 대통령이 사회간접자본에 막대한 금액을 퍼부으면서 세계 곳곳의 투자 유치를 이끌어 냈고, 그 결과 달러 가격이 상승했어요. 물론, 이후 금값은 떨어졌습니다.

이보다 이전에 프랭클린 루스벨트 전 미국 대통령은 수출량을 늘리기 위해 달러 가치를 하락시키고자 국내외 금을 사들이기 시작했습니다. 그 결과 금값을 올랐고 달러 가치는 40%나 하락하게 되었지요. 이렇듯 금과 달러는 시소 타듯 서로 오르내립니다. 세계의 대표적인 안전 자산이 금과 달러이기 때문입니다. 2020년 초, 1달러에 1,296원이던 환율은 2021년 7월 현재 기준 1달러에 1,139원까지 떨어졌습니다.

미국은 제로 금리와 양적 완화로 달러를 찍어내고 있습니다. 이에 따라 미국의 주가 지수는 지속적으로 상승하고 있습니다. 원래는 이 달러들이 신흥국으로 퍼져나가야 했지만, 코로나19라는 특수성으로 미국 내에만 머물면서 미국이 차별적으로 성장하고 있는 것입니다. 코로나19가 끝나고 그 많은 달러가 자리를 잡으면, 달러 환율이 오르는 '강' 달러 시대가 다시 개막될 수 있습니다. 금리 인상도 고려될 것이고 신흥국들은 또 외환위기와 같은 어려움을 겪을 수도 있습니다.

코로나19로 전 세계가 위기 상황이라 모두 기축통화인 달러를 원합니다. '달러 스마일' 이론처럼 모든 경제 지표가 안 좋을 때 달러는 웃습니다. 지금 우리 돈은 당장 와닿는 주식과 부동산에 몰리고 있지만, 몇 년 후를 내다보는 부자들은 달러와 금에 투자한다고 합니다. 2021년 7월 짐 로저스 역시 인터뷰에서 버블 붕괴 위기를 경고하며, 자신이 확실히 알고 있는 것에 투자해야 한다고 안내했습니다. 아울러 자산 가치가 떨어지기 시작하는 것을 가장 우려해야 한다며, 자신은 은을 더 매입할 계획이라는 것도 밝혔습니다. 우리도 자산을 주식과 부동산에만 쏟지 말고, 배분 차원에서라도 예금과 채권, 달러와 금 등 다양한 투자처에 관심을 가져야 합니다.

저도 이제 자산을 배분하려 노력하고 있습니다. 당장 수익을 얻겠다는 생각보다는 넘치는 유동성으로 실물 화폐 가치가 떨어질 테니 장기적인 관점에서 안정적인 자산 포트폴리오를 구축하려는 것입니다. 멋진 금고에 실물 금을 사서 보관할지, 금 관련 주식을 사서 모을지는 모르겠지만, 최소한 금을 자산 배분 방법의 하나로 생각하고 있습니다.

실제로 많은 개인 투자자가 금과 달러에 투자하고 있습니다. 골드바를 현금으로 사는 사람도 존재합니다. 한편, 뉴욕증권거래소에 상장된 파생상품 중에서 금에 투자할 수도 있습니다. 실제 금은 보유하지 않고 금값을 추종하는 상장지수펀드(ETF) 상품인 GLD 같은 곳에 투자하는 방법이지요. 금 선물의 경우에는 아무래도 선물이다 보니 위험성을 감수해야 합니다. 이 방법이 어렵다면 금을 채굴하는 기업에 투자하는 방법도 있습니다. 대부분 금 시세와 기업의 주가 차트가 비슷하게 움직이기 때문이지요. 우리나라의 경우는 고려아연, 영풍, 풍산 등이 금과 관련한 기업입니다. 이처럼 여러 투자 방법 중에 금과 달러도 있다는 것을 아이에게 알려 주면 아이의 시야가 넓어지겠지요. 다양한 방식으로 자산을 나누는 방법을 배우는 것은 곧 '달걀을 한 바구니에 담지 말라'는 분산 투자의 의미를 알아 가는 과정이 될 것입니다.

다양한 금융교육 체험 프로그램 활용하기

국내에는 자녀 금융교육에 관심 있는 부모를 위한 다양한 경제교육 프로그램들이 마련되어 있습니다. 쉽게 찾아갈 수 있는 박물관부터 기관에서 운영하는 온라인, 오프라인 프로그램까지 무척 다양합니다. 그중 주거래 은행에서 운영하는 어린이 경제교실은 매우 유용한 프로그램으로 알려져 있습니다.

박물관

- 한국은행 화폐박물관 (서울)
- 한국금융사박물관 (서울)
- 국세청 국립조세박물관 (세종)
- 조폐공사 화폐박물관 (대전)
- 한국예탁결제원 증권박물관 (경기 고양)
- 우리은행 은행사박물관 (서울)
- 신한은행 한국금융사박물관 (서울)

온라인 프로그램

- 금융감독원 금융교육센터[3]: 온라인 금융교육 관련 웹사이트. 나의 학습수준 테스트 후 수준에 맞는 학습이 가능하며(모바일 수강도 가능), 수료증까지 발급되는 시스템으로 아이들이 의욕을 가지고 참여 가능한 프로그램이다.
- 한국은행 경제교육 어린이 경제마을[4]: 초등학생 저학년부터 고등학생까지 수준별로 볼 만한 학습만화 영상이 가득하다. 국문과 영문으로 나오는 경제

관련 영상도 있어서 아이들에게 무척 도움이 된다.

- 기획재정부 어린이 경제교실[5]: 영상 자료가 아닌 설명으로 진행되며 책을 좋아하거나 경제에 대해 조사 학습을 해야 하는 아이들에게 추천하는 웹사이트다. 쉬운 설명으로 아이들이 배우기에 좋다.
- 어린이국세청[6]: 많은 영상 자료를 확보하고 있으며, 특히 세금 학습만화는 쉽고 재미있어서 초등학교 저학년 아이들에게도 추천한다.
- 예금보험공사 생활금융아카데미[7]: 초등학교 저학년과 고학년에 따라 맞춤형으로 교육 목차가 제공되며, 방문 교육도 신청할 수 있다.
- 한국거래소 온라인아카데미[8]: 동영상 강의와 영상 자료가 가득하고, 특히 이해하기 쉬운 자료가 많아서 초등학교 저학년부터 접하기에 좋다.
- 신한은행 어린이 랜선은행탐험체험(매년 초)[9]: 유아부터 초등학교 저학년까지 연령별로 신청할 수 있으며, 세뱃돈으로 용돈교육을 가르치는 등 아이 눈높이에 맞는 프로그램이 특징이다. 연초에 신청할 수 있으며, 아이들의 만족도가 높은 편이다.

<u>오프라인 프로그램</u>

- 매경 어린이 경제교실(서울): 2000년부터 150회 이상 운영하였으며 학생 수준에 맞는 교육으로 만족도가 높다. 종이돈과 상품권 등 다양한 체험형 프로그램이 많아서 초등학생이 즐겁게 참여할 수 있다.
- 전국투자자교육협의회 금융투자체험관(서울): 초중고부터 일반인까지 대상 폭이 넓다. 체험관 투어를 포함한 Bingo-Star, 금융강의, 보드게임은 초등학교 4학년부터 가능하다.
- 한국은행 청소년 경제강좌(신청 학교에서 진행): 초등학교 5학년부터 참여 가능하나 개인 신청이 아닌 학교장의 승인을 받은 담당 교사가 직접 신청해줘야 한다. 한국은행이 하는 일부터 시장경제원리와 저축, 투자까지 배울 수 있다. 경제교육에 관심이 많은 교사가 출강 강의를 신청하는 경우도 있다.

- 한국거래소 KRX홍보관(서울): 초등학교 4학년부터 신청 가능한 참여형 증권 교실 프로그램으로, 현재는 코로나로 인해 전면 중단된 상태다.
- 교보문고 생명보험교육문화센터(서울): 홈페이지 예약을 통해서만 체험할 수 있다. 초등학생부터 고등학생까지 참여할 수 있으며, 단체로만 신청이 가능하다. 첨단 IT기기를 활용한 게임 방식으로 금융교육이 진행되어 아이들에게 인기가 좋다.
- NH농협은행 청소년금융교육센터(서울): 은행원과 고객이 되어 은행 업무를 체험할 수 있으며 금융사기예방교육, 모의투자대회 등의 프로그램을 운영하고 있다.
- 부산은행 금융역사관(부산): 예약 없이 자유롭게 관람이 가능하며, 금융 경제 체험관을 운영하고 있다.

아이가 신용카드를 요술 램프라고 생각해요

Q 선생님, 아이가 신용카드를 무슨 요술 램프처럼 생각하고 있어요. 현금 쓰는 게 번거로워서 그동안 카드를 주로 이용했더니, 카드만 있으면 무엇이든 다 살 수 있는 줄 알더라고요. 어떡해야 할까요?

A 네. 저 또한 경험해 본 일입니다. 어느 날, 장난감을 살 수 없다고 하자 둘째 아이가 "엄마 카드로 사면 되잖아요"라고 하는 거예요. 카드를 쓰면 엄마 돈이 나가는 거라고 아무리 말해 줘도 믿지 않더라고요. 첫째에게는 카드로 쓰는 돈은 전부 나중에 갚아야 할 빚이라고 했더니 제가 카드를 쓸 때마다 근심스럽게 바라보고요. 어떻게 교육할까 한동안 고민했습니다.

제가 찾은 해법은 아이들 앞에서 현금과 체크카드 사용을 늘리는 것이었어요. 체크카드를 사용한 후에는 사용 문자 메시지를 보여 주며 잔액이 줄어든 걸 눈으로 확인하게 했지요. 그러자 둘째도 비로소 체크카드 개념을 이해하기 시작했습니다. 물론 할인 혜택이 있는 것들은 계속 사용했습니다. 학원비 할인을 받으려고 사용하는 농협 다둥이카드(10만 원 이상 사용 시 1만 원 할인), 카카오뱅크(20만 원 이상 결제 시 1만 원 할인), 경기지역화폐(구매 시 10% 할인) 같은 것들이요. 신용카드 사용을 줄이고 현금과 체크카드 사용을 늘렸더니 신기하게도 돈이 더 모였습니다.

혹시 아이들에게 신용카드를 쥐여 주면서 교통비와 식비를 알아서 해결하라고 하고 있지는 않나요? 그렇다면 그 습관부터 고쳐야 합니다. 아이에게 외상을 먼저 가르쳐 주는 셈이거든요. 자칫 아이가 신용카드를 마르지 않는 샘처럼 받아들일 위험이 있어요. 아이는 부모님 신용카드라서 본인이 그 돈을 직접 갚을 필요가 없기 때문입니다. 사실 신용카드는 어른도 통제하기 힘듭니다. 당장 가진 돈으로는 사지 못할 물건도 카드 할부를 이용하면 구입할 수 있기에 할부 유혹에 쉽게 빠지니까요.

아이에게는 물건을 사면 돈이 바로 지불된다는 것을 가르쳐 줘야 합니다. 교통비는 청소년 티머니 카드를 구입하여 그때그때 충전해서 사용하고, 식비는 체크카드를 이용하도록 지도해 주세요. 현금 사용이 가장 좋겠지만, 분실 위험 때문에 요즘은 현금을 갖고 다니지 말라고 학교에서도 권고하고 있습니다. 그리고 최소한 체크카드는 잔액이 부족하면 '삐– 잔액이 부족합니다'라는 경고음이 울리기 때문에 아이들도 잔액을 확인해 가며 지출을 하게 됩니다. 올바른 금융태도와 금융행위를 배우게 되는 것입니다.

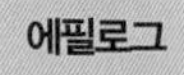

저의 가난을 물려주고 싶지 않았습니다

지금 와서 돌이켜 보면 어지간히도 가난했습니다. 제가 초등학교 시절 살던 집은 시장 한복판의 10평 남짓한 구분 상가였습니다. 아버지는 그 작은 공간 안에 뚝딱뚝딱 방을 만들고 부엌도 만드셨습니다. 집안 살림과 파는 물건들을 나름대로 구분해 놓긴 했지만 아마 손님들은 이곳이 집인지, 가게인지 헷갈렸을 거예요. 단칸방은 자개농과 화장대, 찬장 때문에 더 작게 느껴졌고 이 비좁은 공간에서 네 식구가 함께 잠을 잤습니다. 어른이 되어서야 제 부모님이 두 다리 쭉 펴고 주무신 적이 별로 없었을 거란 걸 깨달았어요.

시간이 지나 우리 남매가 크면서 아버지는 또 뚝딱뚝딱 방 한 칸을 더 만들었습니다. 새롭게 생긴 방에는 책상과 정체 모를 책장이 놓였습니다. 밥상을 펴고 공부하다가 책상에서 공부하니 그렇게 즐거울 수가 없었는데, 아마 이때부터 공부를 즐기지 않았나 싶습니다. 아침에 부모님이 셔터를 올리면 가게가 되었고, 밤이 되어 셔터를 내리면 집이 되었습니다. 가게 마감 시간에는 대걸레를 들고 청소를 도왔습니다. 저는 그 방 같지 않은 방에 단짝 친구도 초대하고 생일파티도 열었던, 꽤나 긍정적인 아이였어요.

하지만 화장실이 없어 공용 화장실을 사용해야 하는 곳에서 두 아이를 키우는 마음이 오죽했을까요. 그 속에서 희망을 품고 살기란 쉬운 일이 아니었을 겁니다. 아마도 저와 오빠가 부모님의 유일한 희망이었을 거예요. 부모님은 늘 "너희는 돈 걱정하지 말고 공부만 열심히 해"라고 말씀하셨습니다. 열심히 공부하면 부모님이 행복해하니까, 저는 그게 좋아서 계속 공부를 했습니다. 얼마나 열심히 했는지, 6학년 1년 동안 풀었던 문제집이 쌀 다섯 포대 분량이나 나왔을 정도였어요. 그렇게 공부만 했더니 전교생 1,800명쯤 되는 학교에서 첫 시험에 전교 12등을 하게 됐습니다. 내가 공부를 어느 정도 하는 아이인지, 공부는 어떻게 하는 것인지 알게 된 순간이었어요.

이후로 계속 공부를 했습니다. 아버지가 중풍으로 왼쪽 마비가 왔을 때도, 교통사고로 3년간 병원 신세를 지실 때도 공부만 팠습니다. 공부밖에 할 수 있는 게 없었으니까요. 그런데 공부를 그렇게 열심히 해도 형편이 나아지지 않았습니다. 분명 어릴 적엔 공부만 해도 온 가족이 행복했는데, 실제로는 공부만 열심히 한다고 해서 저절로 잘

살게 되는 건 아니더군요. 저는 그래서 돈 공부를 시작했습니다. 내 아이를 지키려면, 우리 부부가 두 다리 뻗고 자려면, 부모님을 모시려면 돈이 필요하기 때문이었어요. 간절했습니다.

그리고 지금에 이르렀습니다. 저는 지금도 남편에게 말해요. 우리 이 정도면 성공한 거 아니냐고요. 시장 단칸방에서, 시골 흙집에서 살았던 둘이 만나 이 정도 이룬 것도 대단하다고요. 누군가는 끊어야 했던 지독한 가난의 고리. 그 일을 제가 하게 되어 얼마나 기쁜지 모릅니다. 아이들을 위해 돈 공부를 시작하고, 아이들을 제대로 가르칠 수 있어 얼마나 다행인지요.

제겐 코로나로 어려운 자영업자들의 한숨과 눈물이 가슴 아프게 다가옵니다. 이분들이 제 어릴 적 시장 이웃들이자, 오매불망 손님을 기다리던 제 어머니이기 때문입니다.

"당장 먹고사느라 바쁜데 언제 경제공부를 하고, 언제 문화생활을 하나요?"라는 질문을 너무나 많이 들었습니다. 사실 그래서 이 책을 쓰게 되었습니다. 제가 재테크 공부를 해 보니 공부를 안 해도 되는 사람들이 더 열심히 공부합니다. 더 많은 부와 명예를 쌓기 위해 노력하고, 변하는 사회에서 잃지 않기 위해 애쓰고 있습니다. 그런데 당장 먹고살기 바쁜, 돈 공부를 해야 하는 제 이웃들이 하지 않습니다.

이대로라면 정보 격차는 물론 빈부 격차도 더 커질 것입니다. 저는 제 시장 이웃들이 몰락하는 모습을 보고 싶지 않습니다. 제가 가르쳤던 제자들의 부모님이 무너지는 것을 보고 싶지 않습니다. 우리 아이들이 내로라하는 인물이 되지 않더라도 자신이 속한 자리에서 희망을 잃지 않고 열심히 사는 모습을 보고 싶습니다. 그래야 그 아이들의 아이들 미래가 밝을 테니까요.

경제교육은 우리 아이들을 위해 반드시 해야 할 교육이자, 그리 어려운 일이 아닙니다. 우선, 아이들에게 용돈교육을 시작으로 우리 집 상황을 조금씩 알려 주면서 적은 금액이지만 저축, 소비, 투자, 기부로 나눌 수 있도록 지도해 주세요. 아울러 아이와 조금씩 주식 투자를 하면서 기업 보는 눈을 키우고 아이에게 세상에는 다양한 직업과 자산 관리 방법이 있다는 것을 가르쳐 주세요. 급하게 상황을 타개하려고 비트코인 같은 불확실성이 큰 곳에 뛰어드는 불나방이 되지 않도록, 진정한 투자 방법과 자산 관리 방법을 가르쳐 주기 바랍니다.

이를 위해 부모가 먼저 세상이 어떻게 돌아가는지 알아야 합니다. 그리고 줏대를 지켜야 하지요. 그렇지 않으면 흔들리는 우리를 보며 아이들도 갈팡질팡할 테니까요. 뚝심으로 아이들을 지켜 주세요. 그리고 경제교육은 앞서 강조했듯 반드시 부모와 자녀 간 관계 형성이 병행되어야 합니다. 돈만 많이 벌어 놓은 무섭고 구두쇠 같은 부모님은 그 어느 자식도 좋아하지 않습니다. 돈을 버는 이유와 가치관을 바람직하게 설정하고 아이와 이야기를 나누시길 바랍니다.

저는 지금도 진심으로! 저의 가난을 물려주고 싶지 않습니다.

2021년 7월

김 ○○

참고 자료

프롤로그

1. 로버트 기요사키 저, 안진환 역, 《부자 아빠 가난한 아빠》, 민음인, 2018.

Chapter 1

1. 박해나, "'6살부터 주식 교육' 금융에도 조기 사교육 열풍", 《비즈한국》, 2021. 3. 12. https://www.bizhankook.com/bk/article/21534
2. 최형석·유소연, "중고생 65% "예·적금 차이 몰라요"", 《조선일보》, 2021. 3. 22. https://www.chosun.com/economy/stock-finance/2021/03/22/LB5JP33FAZDELGLVKXONNKFCKU/
3. 이스트스프링 자산운용, "한국 부모들의 자녀 경제교육 방법에 대한 인사이트. " https://www.eastspringinvestments.co.kr/insights/money-parenting
4. 금융감독원 금융교육센터. https://www.fss.or.kr/edu/notice/noticePoll2.jsp
5. 존 리, 《존리의 부자되기 습관》, 지식노마드, 2020, p52.
6. 「KOSTAT 통계플러스」 2021년 봄호, 통계청 통계개발원. http://kostat.go.kr/sri/srikor/srikor_pbl/4/index.board
7. 2020.7.31. 개정 주택임대차보호법 가이드북, 서울특별시. https://news.seoul.go.kr/citybuild/archives/511154
8. 예금자 보호대상, 찾기 쉬운 생활법령정보. https://easylaw.go.kr/CSP/CnpClsMain.laf?popMenu=ov&csmSeq=579&ccfNo=4&cciNo=2&cnpClsNo=1
9. 2015 국가 교육과정 개정, 교육부 국가교육과정정보센터. http://ncic.go.kr/mobile.revise.board.list.do?degreeCd=RVG01&boardNo=1001
10. 한진수, 〈2015 개정 금융교육 교육과정의 분석과 개선안 모색〉, 《금융감독연구》, vol.5(2018), p49.

Chapter 2

1. 2018 아동종합실태조사, 보건복지부. http://www.mohw.go.kr/react/jb/sjb030301vw.jsp?PAR_MENU_ID=03&MENU_ID=032901&CONT_SEQ=350493&page=1
2. 박정현, 《13세, 우리 아이와 돈 이야기를 시작할 때》, 한스미디어, 2020.
3. "[하루설문] 세뱃돈, 얼마가 적당할까? 받는 초등학생 vs 주는 어른", 스쿨잼, 2021. 2. 10. http://naver.me/59jPMZ9A

Chapter 3

1. 좌우 이미지 모두: ⓒ marybettiniblank / Pixabay
2. 정은길, 《여자의 습관》, 다산북스, 2013.
3. 한국부동산원 청약홈. https://www.applyhome.co.kr/ar/ara/selectSubscrptIntroQualfView.do#cate1
4. 서울신문 특별취재팀(유대근·홍인기·나상현·윤연정), "[단독] "몰래 빼도 엄만 몰라"… 할머니 통장은 가족의 ATM이었다", 《서울신문》, 2020. 10. 7. http://www.seoul.co.kr/news/newsView.php?id=20201008004001
5. 바바라 케틀 뢰머 저, 이상희 역, 《초등 1학년, 경제교육을 시작할 나이》, 카시오페아, 2014.
6. 최지선(프랑스 통신원), "프랑스의 경제(금융문해) 교육 현황", 《교육정책네트워크 정보센터 메일진 해외교육동향》, 338호(2018).
7. 행정안전부 내 고장 알리미. https://www.laiis.go.kr/lips/mlo/lcl/localGiftList.do

Chapter 4

1. 금융감독원 전자공시시스템. http://dart.fss.or.kr/
2. 대통령직속 4차산업혁명위원회. https://www.4th-ir.go.kr/
3. MBC 드림주니어. http://program.imbc.com/dream2018
4. 진로정보망 커리어넷. https://www.career.go.kr/cnet/front/search/searchResultListNew.do?text=%EB%AF%B8%EB%9E%98%EC%A7%81%EC%97%85&tab=jobSjt&sub=guidebook&order=%24relevance
5. 2020년 초중고사교육비조사 결과, 통계청. https://www.kostat.go.kr/portal/korea/kor_nw/1/7/1/index.board?bmode=read&bSeq=&aSeq=388533&pageNo=1&rowNum=10&navCount=10&currPg=&searchInfo=&sTarget=title&sTxt=
6. 김미경, 〈〈김미경의 리부트〉〉, 웅진지식하우스, 2020.
7. 2015 국가 교육과정 개정, 교육부 국가교육과정정보센터. http://ncic.go.kr/mobile.revise.board.list.do?degreeCd=RVG01&boardNo=1001
8. 김수은, 〈한일 초등 교육과정 개정으로 본 경제교육 내용변화에 관한 연구〉, 부산교육대학교, 2019, p56.
9. 김수은, 〈한일 초등 교육과정 개정으로 본 경제교육 내용변화에 관한 연구〉, 부산교육대학교, 2019, p48.

Chapter 5

1. 아름다운 가게. http://www.beautifulstore.org/intro-donation
2. 황윤정, 《버리면 버릴수록 행복해졌다》, 엔트리, 2016.
3. 지파운데이션. https://www.gfound.org/
4. 사단법인 그루맘. https://growmom.org/
5. 1365 기부포털. https://www.nanumkorea.go.kr/main.do
6. 해피빈. https://happybean.naver.com/
7. 1365 자원봉사포털. https://www.1365.go.kr/vols/main.do
8. EBS 지식채널 e, "파키스탄의 아이, 이크발", 2006. 05. 01. https://jisike.ebs.co.kr/jisike/vodReplayView?siteCd=JE&prodId=352&courseId=BP0PAPB0000000009&stepId=01BP0PAPB0000000009&lectId=1177721#none
   EBS 지식채널 e, "축구공 경제학", 2006. 07. 03. https://jisike.ebs.co.kr/jisike/vodReplayView?siteCd=JE&prodId=352&courseId=BP0PAPB0000000009&stepId=01BP0PAPB0000000009&lectId=1177764#none
9. 전인구, 《경제교육 프로젝트》, 테크빌교육, 2019.
10. 캐럴 오프 저, 배현 역, 《나쁜 초콜릿》, 알마, 2011.
    서선연, 《세계를 바꾸는 착한 초콜릿 이야기》, 북멘토, 2016.
11. 세금공부방, 어린이국세청. https://kids.nts.go.kr/kid/cm/cntnts/cntntsView.do?mi=7597&cntntsId=7056

Chapter 6

1. 존 리, 《엄마, 주식 사주세요》, 한국경제신문, 2020.
2. 하채림, "태어나자마자 '억대 금수저'…신생아 증여액, 평균 1.6억원", 《연합뉴스》, 2020. 9. 23. https://www.yna.co.kr/view/AKR20200922178400002
3. 금융감독원 금융교육센터 www.fss.or.kr/edu/main.jsp
4. 한국은행 경제교육 어린이 경제마을. www.bokeducation.or.kr
5. 기획재정부 어린이 경제교실. kids.moef.go.kr
6. 어린이국세청. kids.nts.go.kr
7. 예금보험공사 생활금융아카데미. https://edu.kdic.or.kr/main/main.do
8. 한국거래소 온라인아카데미. academy.krx.co.kr/contents/ACA/02/02010301/ACA02010301.jsp
9. 신한은행 어린이 랜선은행탐험체험. https://www.shinhan.com/index.jsp

게임 현질하는 아이
삼성 주식 사는 아이

초판 1쇄 발행 2021년 10월 20일
초판 2쇄 발행 2022년 1월 7일

지은이 김선
펴낸곳 베리북
펴낸이 송사랑

기획 장호건
편집 고은희 김은호
디자인 이창욱

등록일 2014년 4월 3일
등록번호 제406-2014-000002호
주소 경기도 고양시 일산서구 킨텍스로 410
팩스 0303-3130-6218
이메일 verybook2@gmail.com
ISBN 979-11-88102-09-9 13590

책값은 뒤표지에 있습니다.
잘못된 책은 구입하신 서점에서 바꿔 드립니다.